DESSERT GUIDE BOOK

馬田
帶你解構甜點

從入門到進階
一本學會職人級烘焙技法

馬田 著

CONTENTS

CLASS 03

CAKE 蛋糕

全書內容使用材料名稱皆為台灣常用用法，與香港有所差異，請仔細查閱後再使用

前言

學習烘焙時，你會選擇上烘焙課還是買食譜書自學？

由老師親手示範比較易懂？
騰出時間上課，才發現教室教的不是你想學的？
同一款蛋糕有美式、法式、日式，但做出來才發現口味不對？
師資素質參差，教學沒有系統？
食譜書內容千篇一律，一個食譜改一下口味就是一本書？
手法步驟簡單帶過，實際上操作困難？
強調簡單容易，過度簡化食譜？
名廚食譜看他做很容易，一般人根本做不到？

各個媒介有各自的優缺點，食譜書的優點是，不受時間限制，容易入手與傳閱，但為了滿足大部份的人、增加銷量，都會強調簡單易做，省略了理論與步驟，而且為了看起來豐富，加入更多食譜，但有些卻連作者都沒做過。書籍版面更為了騰出空間，不是過份省略，就是難以閱讀。

大家可能有過這種經驗，一手拿著工具、材料，一手打開食譜，每看一個步驟，還要看著數字對應圖片和文字，不只看得頭昏腦脹，材料也錯過使用的最好時機，只好重頭再來，但做出來的成品，味道卻超奇怪！

看食譜不行改去烘焙教室，由老師親手示範，不只可以了解細微步驟，成品完成度也有一定保證，且一個好的導師可以讓你進步快速，烘焙過程充滿趣味，但材料、工具都是由烘焙教室提供，回家試做失敗率超高。

其實不論選擇去烘焙教室或看食譜自學，問題的重點在於能否「理解」。

煮食是一種結合文化、物理、化學、生物學的藝術，必需理解當中的原理，才能成功做出滿意的作品，過程中每個環節更是密不可分，因此有些食譜裡或老師沒提到的資訊，像是所在地的溫度、濕度、材料品牌、口味差異等等，都可能影響到作品質感。

所以烘焙時，重要的不是口味或份量，而是要了解材料特性，觀察烘焙過程的變化及成品狀態，再從中找出最適合自己的口味與做法。

在此，也希望各位讀者，在看完本書後，能做出比書中更好的成品。

馬田

BASIC

烘焙基礎知識

想成功作出美味甜點，不只要了解使用材料特性，製作過程中，若能用對了工具，有助提高成功率，並能讓烘焙過程更輕鬆愉快。本課集結烘焙時重要且不能錯過的基礎關鍵知識，幫助有心學習烘焙的大家對烘焙原理有更深層了解，進而突破技巧盲點。

認識主要材料

製作甜點時,一定會用到麵粉、糖、雞蛋、乳製品、水果這幾種材料,因此在製作甜點之前,先了解這些材料的特性,學會如何善用材料,才能成功作出好看也好吃的甜點。

1.麵粉

麵粉主要成份是澱粉和蛋白質,麵粉的特性與多樣性,讓麵粉成為全球主要糧食之一。而要徹底了解麵粉,首先要從原材料——小麥開始。

小麥是一種普遍的農作物,約在一萬多年前被發現,因對氣候及土壤適應力高,因此全球各地皆有種植,是三大穀類農作物中產量第一,第二為稻米,第三為玉米。主要產地有美國、加拿大、澳洲、中國、俄羅斯和印度等。依氣候品種的不同,小麥製作出的麵粉種類、用途也不同,但可簡單區分為軟質、硬質,軟質小麥蛋白質含量少,適合製成低筋麵粉;硬質小麥蛋白質含量多,適合製成高筋麵粉。

小麥種植完成可取出麥粒,麥粒是由外殼、胚乳和胚芽構成。
外殼:一層類似麩皮的硬殼,含有纖維素、蛋白質、灰分(鉀、鈣、鎂、磷等礦物質成份)。
胚乳:麵粉的主要成份,含有澱粉質、蛋白質,和少量灰分。
胚芽:約佔一顆小麥的2%,含豐富蛋白質、維生素,成品稱為小麥胚芽或麥芽粉。

過程中會經過多種篩網,篩成不同大小的粉類,依比例再做混合,便可製作出不同成品。

蛋白質

麵粉裡含有的蛋白質，會藉由蛋白質的糊化與固化，成爲食品骨架。因爲蛋白質的一大特點，是在吸收水份後產生黏性和彈性的麵筋，麵筋會有如細小網狀，包圍著澱粉，當麵團裡產生氣體，網狀結構的麵團就會膨脹，並藉由糊化與固化作用來支撐起整個結構。一般來說，蛋白質含量愈高麵筋愈多，筋度愈高，與水混合後的黏度也愈高。

控制麵筋生成的三個因素：

水份：蛋白質吸收水份會產生麵筋。

搓揉：蛋白質和水混合後，搓揉次數愈多愈易形成麵筋。

溫度：低溫下不易形成麵筋。

除了透過以上三個因素控制麵筋的生成，加入麵團的材料亦會影響麵筋的形成，像是鹽會收緊麵筋增加彈性；油脂、糖及酸性物質會破壞麵筋的形成，麵筋會因時間而慢慢鬆馳，所以有些時候須將麵團冷藏一段時間。

下表爲高筋、中筋、低筋三種麵粉的麵筋比例與用途：

種類		麩質	主要用途	蛋白質含量（％）	粉粒粗細
高筋麵粉（Bread Flour, Strong Flour）		強	麵包	11.5-13.5%	粗
中筋麵粉（All Purpose Flour, Plain Flour）		中	麵類、饅頭	8-10.5%	細
低筋麵粉（Cake Flour, Weak Flour）		弱	糕點	6.5-8.5%	非常細

灰分

麵粉完全燃燒後剩下的物質即是灰分，主要成份是礦物質，來自外殼及胚芽，灰度愈高，外殼胚芽含量愈高，香氣也愈濃厚，早期以麵粉純淨程度分級，愈純白灰分愈少，等級愈高，現在則以全麥籽含量做分級，全麥含量愈多，灰度愈高。

等級	灰分（％）	顏色	纖維質
一級	0.4	良好（純白）	0.2-0.3
二級	0.5	普通（略帶米黃）	0.4-0.6
三級	0.9	略差（米黃）	0.7-1.5
末級	1.2	不良（略帶咖啡）	1-3

包裝上的灰分分級

法式麵粉多以灰分分類，因此會在包裝上標示T45、T55、T65、T80、T150等。T45為灰分0.45-0.50%之間，T150為灰分1.4-2.0%之間。雖然灰分含量與蛋白質含量並無直接關係，但多數廠商仍會以以下方式區分麵粉：

T45、T55：中筋麵粉及低筋麵粉

T65：高筋麵粉

T80、T150：全麥麵粉

澱粉

澱粉佔麵粉比例約70%，有糊化及固化特性。當澱粉與水混合加熱，澱粉粒子會吸水膨脹，澱粉會慢慢變成濃稠的糊狀，即是糊化作用。如果繼續加熱，水份蒸發減少，澱粉凝固變硬，即是固化作用。同樣的情況適用於多數富含澱粉的粉類，例如玉米粉、糯米粉等等。澱粉在完成糊化及固化後會慢慢老化，水份因此被排出，導致結構改變，製作出的成品也會因此變硬。

澱粉糊化作用到達一定溫度才會發生：

溫度	澱粉的變化
45℃以下	沒有變化
45℃-50℃	開始吸水膨脹
50℃-65℃	繼續吸水膨脹，同時開始糊化，變得濃稠
65℃-80℃	糊化作用最活躍，迅速變得濃稠
80℃-85℃	糊化作成已完成
85℃-97℃	水份蒸發，開始固化作用

2.糖

糖可說是每道甜點的重要成份，除了提供甜味，製作過程中更有不可取代的重要地位。糖是由甘蔗或甜菜提煉而成，從甘蔗榨汁，經過濃縮、結晶、精製，根據其型態可分為：固體糖和液態糖，固體糖因製法不同亦可分成含蜜糖與分蜜糖。亦有由其他作物生產的糖類，例如：蜂蜜、楓糖等。

分蜜糖

白砂糖

日常看到的白砂糖就是精製糖，依需要製成粗細不同的製品。

糖粉

將砂糖磨成細緻的粉末狀即成為糖粉。因為粒子很細容易因濕氣而結塊。一般糖粉為了防止結塊，會含有少量玉米粉，所以在製作糖用量較嚴格的食譜時，如馬卡龍，需要使用價格較高的純糖粉。亦有一種能抵抗濕氣的裝飾用糖粉。

含蜜糖

黑糖／紅糖

初製且粗質的糖，沒有經過精製。蔗汁經過長時間熬煮，顏色較深，沒有經過分蜜過程，保留了糖蜜，營養值高於其他糖類。市場上的黑糖，已少有傳統手法熬製，多是白砂糖加入糖蜜調製。黑糖糖蜜含量較多；紅糖含量較少，這種黑糖在色澤、口感及風味上，與傳統方式製作的黑糖仍有差異。

二砂糖（Brown Sugar）

中文為紅糖，來自西方的含糖蜜製品。被翻譯成不同中文名字：如黑糖、紅糖、黃糖，為免造成混淆，本書皆使用Brown Sugar。這種糖保留了糖蜜，當中因糖蜜含量不同可細分成Light Brown Sugar 和 Dark Brown Sugar。

轉化糖（液體糖）

蔗糖加熱融化時加入酸性物質結構會轉化，轉化出來的成品就是糖漿。砂糖結構是雙醣形式，即由兩個醣的分子組成；葡萄糖、果糖則以單醣形式組成，轉化糖有防止糖漿結晶，提高成品保水力作用。

糖在烘焙時的作用

保水性

糖有吸附水份和保持水份的特性，特別是轉化糖。所以在製作蛋糕時，含糖量高的成品，可長時間保持濕潤口感。

著色性

蛋白質與砂糖混合加熱，會產生梅納效應（Maillard Reaction）。除了讓成品烤上黃褐色，也會產生香味。

防止澱粉老化

澱粉完成糊化及固化後，會隨時間老化，並將澱粉裡的水份排出，水份流失後成品會變硬。而砂糖的保水性，可讓水份保持穩定，保存時間更長。

防腐作用

食物腐壞其中一個原因是微生物的生長,而微生物生長的條件之一就是水份,糖的吸水性使食物裡的水份與糖結合,減少可供生物生長的水份,因而達到防腐作用。所以果醬類食品糖度不能太低,才能確保食品安全。

抑制蛋白質凝固

砂糖有抑制蛋白質凝固作用。製作卡士達醬時,打發雞蛋會加糖,是爲了在加入熱牛奶時,不易凝固雞蛋成爲結塊。

3.雞蛋

雞蛋分爲紅蛋殼和白蛋殼,雖然顏色不一樣,但成份沒有差異,只是品種不同。

雞蛋的主要特性

凝固性

雞蛋加熱會凝固,以下溫度只適用於純蛋黃及蛋白的情況,加入其他材料後凝固溫度將會改變。

	開始凝固溫度	完全凝固溫度
蛋白	60℃	80℃
蛋黃	65℃	75-80℃

起泡性

雞蛋在拌入空氣後,會有起泡特性。其中以蛋白的起泡性最明顯,當空氣打入蛋白,蛋白質會形成膜狀包覆空氣,蛋白會凝固變硬成較安定的氣泡,這種特性是海綿蛋糕鬆軟口感的來源。

乳化性

蛋黃裡的脂質，含有卵磷脂物質，是一種天然乳化劑，一般水和油無法均勻混合，但加入乳化劑，兩者就能均勻混合。

雞蛋尺寸與重量

每個國家對雞蛋的標準都不相同，以下是大約分類：

大小	重量（去殼後）
XL	73g以上
L	73g-63g
M	63g-53g
S	53g以下

本書使用的雞蛋尺寸約是M大小，用量以以下方式估算：
全蛋重量約55g、 蛋白35g、 蛋黃20g。

蛋白的主要成分是水和蛋白質；蛋黃的主要成分是水、蛋白質及脂質。雞蛋的新鮮程度可從蛋白的狀態判斷。新鮮雞蛋的濃稠蛋白比水樣蛋白多，隨時間增長，水樣蛋白比例會慢慢增加，因為濃稠蛋白的連結會斷開，水份無法被包覆，變成流動性高的水樣蛋白，所以水樣蛋白比例會慢慢增加。

全蛋打發體積

全蛋經過打發後，體積約為原本的4倍多。

全蛋未打發體積

全蛋打發體積

全蛋加入適量砂糖可讓氣泡更穩定,增加打發體積。

全蛋＋糖25g 未打發體積　　全蛋＋糖25g 全蛋打發體積

分蛋打發體積

蛋黃中的脂質會破壞氣泡,所以不易打發,體積增加的比例比蛋白少。

蛋黃未打發體積　　　　蛋黃打發體積

打發蛋白時可鎖住大量空氣,所以體積增加約6倍多。

蛋白未打發體積　　　　蛋白打發體積

蛋白加糖可穩定蛋白霜不易消泡,同時讓氣泡變細緻,體積與不加糖時相當。

蛋白＋糖15g 未打發體積　　蛋白＋糖15g 蛋白打發體積

全蛋打發和分蛋打發比較

全蛋打發難度比分蛋高，需要的時間更長。分蛋打發體積比全蛋打發略大，因為分蛋打發時蛋白沒有脂質，可保留更多氣泡，體積因此增加更多。

全蛋＋糖

分蛋＋加糖

全蛋＋糖25g

蛋黃＋糖10g

蛋白＋糖15g

蛋白打發時，加糖次數會影響打發後體積。蛋白打發時分3次加入砂糖會更容易打發，且打入更多空氣。因為糖會讓蛋白黏度增加，增加打發難度，一次加入砂糖的蛋白起泡會較為細緻、大小平均。

蛋白打發體積

蛋白＋糖15g
（分3次加入）所需時間較短

不論打發方式，只要放置一段時間，都會慢慢消泡

圖為全蛋打發後放置一晚，雞蛋完全消泡至原來體積

4.乳製品

製作甜點時，經常使用至少一種以上的乳製品，例如牛奶、奶油、鮮奶油等。這些都是由牛奶製作出來的成品。

牛奶

牛奶擠出後經過加熱消毒，就是常見的牛奶，乳脂含量約3.5%，主要分爲冷藏奶和常溫奶。

鮮奶

牛奶經過巴斯德殺菌法（Pasteurisation）消毒，約以72℃消毒15秒，當中有害細菌大多會被消滅，留下極少量有害細菌和其他無害菌，所以必須冷藏保存。

保久乳

牛奶經過超高溫瞬間殺菌（Ultra-heat-treated,UHT）處理，約以140℃消毒3秒，在高溫下細菌會全數被消滅，牛奶更接近無菌，密封情況下置於室溫也不會腐壞。因爲經過高溫，蛋白質會變性，所以味道和鮮奶略有不同。

鮮奶油

乳脂含量18%以上可稱爲鮮奶油，可打發的鮮奶油，乳脂含量需達35%以上。鮮奶油需要冷藏使用但不可冷凍，冷凍後的鮮奶油水份和脂肪會產生分離現象，開封後可保存數天，放入密封容器可延長保存天數。

鮮奶油跟雞蛋一樣有起泡性，可包覆空氣，最佳的打發溫度約4-8℃，因爲鮮奶油含有脂肪，溫度愈低硬度愈高，在4-8℃這個範圍，鮮奶油能保存更多打入的空氣，溫度太高會因流動性高無法保存空氣，溫度太低則不易打發。打發後的保存溫度亦應維持在4-8℃。夏天打發鮮奶油時，可先將打蛋器、調理盆冷藏，避免過程中產生熱能，影響打發狀態。了解了打發原理，就可依需求打出不同打發程度的鮮奶油。

1-2分打發

剛開始打發，砂糖融化開始變得濃稠。

3-5分打發

呈濃稠的液態，打蛋器拿起鮮奶油會呈緞帶狀流下，紋路很快消散。

 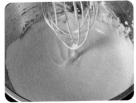

7分打發

鮮奶油開始成形，會黏在打蛋器上，打蛋器拿起鮮奶油會呈緞帶狀流下，紋路不易消散，適合用於作起司蛋糕等需要流動性的麵糊。

8分打發

會在打蛋器上形成尖端，呈不易流動的固態，適合用於塗抹蛋糕表面、加入內餡等，因為塗抹和混合的動作相當於攪拌，所以使用8分打發的鮮奶油，不會因過度打發變硬，質感粗糙。

10分打發

可在打蛋器上形成明顯尖端，呈固態，產生的紋路不會消散，適合直接作為餡料或擠花使用。

過分打發

形成塊狀並黏在打蛋器上，質感變得粗糙鬆散。塗抹時做不出平滑效果，因鬆散質感擠花時易斷裂、起顆粒，只適合加熱煮食使用。

打發過度

鮮奶油脂肪凝結，水份被排出形成油水分離，無法恢復只能重來，所以打發時要小心觀察。

奶油

牛奶經過處理分離出乳脂，乳脂集合成爲奶油。乳脂含量在80%以上，可依含鹽、無鹽，發酵、非發酵來分類。奶油須冷藏，約35℃便會融化成液態，因奶油會吸收冰箱異味，最好使用密封容器保存。另外，融化成液態後的奶油即使再凝固，也會失去原有的乳霜性和可塑性。

奶油主要有以下特性：

乳霜性

奶油攪拌時，可包覆空氣，拌入空氣的奶油，顏色會變淡偏白色，包含的空氣在烘焙時會讓麵團膨脹，口感鬆軟。

酥脆性

奶油分散在麵團裡，可分隔麵粉間的連結，減少麵筋形成，產生鬆脆口感。

可塑性

奶油在適當溫度時（約13-18℃最佳），會展現特有的可塑性，可輕易改變形狀。

常見奶油製品有以下幾種：

含鹽奶油

在過程中加入鹽的奶油，帶有鹹味。

無鹽奶油

無添加鹽的奶油，不會影響成品味道，本書食譜皆使用無鹽奶油。

發酵奶油

加入乳酸菌發酵的奶油，帶酸味，口感清爽不油膩，適合用於奶油含量高的成品。

非發酵奶油

未經過發酵處理，市售奶油多是非發酵奶油。

人造奶油

以植物油爲原材料，將液態植物油氫化處理，使其質感與奶油接近，但味道與天然奶油有極大差異。

優格

牛奶加入乳酸菌後發酵而成的製品，質感濃稠帶有淡淡酸味。市售優格大多加入大量砂糖，本書食譜均使用含糖較少的原味優格（Plain Yogurt）。

5.水果

水果是甜點重要且難以控制的材料之一。同一種水果會因產地不同，味道差異巨大，因此選擇時要先了解每種水果的特性和保存方法，才能做出滿意的成品。

果膠

水果中含有一種稱為果膠的物質，常被提煉成粉末狀，有凝膠、增稠作用。亦是果醬會濃稠的主因。酸性物質可幫助水果中的果膠融出，所以很多果醬製作時會加入檸檬汁。依水果品種不同，果膠含量也不同。

蘋果

最常見的甜點水果材料之一，果種不同口味差異頗大，所以選到合適的品種，才能呈現最佳風味。蘋果切開後會氧化變成褐色，最好使用前再切開，切開後用保鮮膜包好，減少空氣接觸。

檸檬／萊姆

檸檬跟萊姆容易被混淆，其風味其實有所差異。台灣市售檸檬多為綠檸檬，檸檬成熟後外皮會由青綠色變成黃色，綠檸檬酸度和香氣比較濃，但果皮帶苦味，黃檸檬酸度略低，外皮不帶苦味。一般甜品用到檸檬皮，多採用黃檸檬。挑選時應該選外皮無蠟，或去皮前確實將檸檬洗擦乾淨。

認識使用材料

肉桂粉

肉桂樹皮制成的粉末，氣味芳香，多用於製作麵包、蛋糕及其他烘焙糕點。

抹茶粉／綠茶粉

抹茶粉的茶樹是透過遮光栽培，石磨磨碎成粉末。綠茶粉即一般綠茶磨成的粉末。

杏仁粉

杏仁製作的粉末，加入麵糊能增添杏仁風味，烤出酥脆口感的成品。

香草莢

一種熱帶蘭的豆莢，經過乾燥和發酵產生香氣，形成黑色長條型的香草莢，可為甜點增添香味。

香草醬

香草籽製作的香草濃縮液，使用方便份量更易控制，價格較貴。

香草精／香草油

從香草莢中萃取香氣，溶入油脂或酒精中。

果膠

水果中的一種物質，被提煉成粉末狀，有凝膠、增稠作用。適用於製作果醬和鏡面果膠。

消化餅

一種微甜餅乾，與奶油混合可做成起司蛋糕的餅乾底。

燕麥

高營養成份主食之一，拌入餅乾麵糊可增加嚼勁及飽足感。

馬斯卡彭起司

產於義大利的鮮乳酪，脂肪含量豐富，常用於提拉米蘇製作，與義大利料理。

煉乳

混入砂糖或糖漿的濃縮牛奶。煉奶水份約為牛奶四分之一，質地濃稠，甜度較高。常用於製作甜品。

酸奶油

奶油和乳酸菌發酵而成的奶製品，常用於塗抹吐司、蛋糕。

香橙甜酒

干邑甜酒，增添蛋糕香氣與層次感，通常使用份量少，可在烘焙店購買小瓶裝。

櫻桃酒

以鮮櫻桃或櫻桃汁為原料發酵釀製而成的甜酒，可增添蛋糕香氣與層次感。

蘭姆酒

以甘蔗為原料的蒸餾酒，其焦糖香氣獨特，除直接飲用，可作浸泡或直接添加製作甜點用。

薄荷甜酒

清涼薄荷口味的一款甜酒，除直接飲用，可直接添加製作薄荷味甜點用。

杏桃果醬

除用於塗抹吐司，也可作為甜點內餡，或代替鏡面果膠塗抹在塔底、派皮表面，防止水份滲透變得軟爛。

可可粉

從可可塊分離出可可奶油的粉末，烘焙時要用純可可粉，以免影響成品味道。

巧克力磚

可根據需要調整巧克力大小，如將巧克力磚削下薄片可作裝飾用，或切小塊作薄片調溫。

耐烤巧克力豆

耐熱性很強的巧克力豆，烘烤後仍能保存其形狀。適合拌入麵糊或放在甜點上裝飾。

杏仁／杏仁片

甜點烘焙常用堅果。有不同形狀及形態，可根據所需口感挑選。

榛果（連皮）

榛屬植物堅果，含有豐富蛋白質，氣味香濃，適合做成抹醬或與巧克力搭配。

開心果

黃連木屬植物的的堅果，香氣獨特，翠綠色很適合作為裝飾。

杏桃乾

經過乾燥加工後的杏桃，口味清甜，擁有厚實果肉且色澤鮮艷，適合直接拌入麵糊或做為裝飾。

認識使用道具

對流式烤箱

烤箱裡有風扇，烘焙時風扇讓空氣對流，烤箱溫度平均，因此可使用多層烤盤。由於溫度是透過對流熱風傳遞，所以焙烘時間比一般烤箱短。雖然溫度平均，但在烤箱空氣循環時，先接觸到熱風的地方比較熱，所以烘焙到一半時間時，要180度旋轉烤盤以達到最平均效果。

一般烤箱

以輻射方式傳遞熱量，謹記選擇有上下發熱線及溫度控制的烤箱。愈接近發熱線溫度愈高，同時兩層烘焙時，因烤盤阻隔，上層烤盤表面比較熱，下層底部會比較熱，不建議同時烘烤多於一層。

本書食譜是以四層對流式烤箱製作，如沒特別註明，烤盤都是放在溫度最平均的中間層。不過不論使用哪種烤箱，都要注意以下事項：

1. 爐溫標準，以烤箱溫度計為準。烤箱多有內置恆溫感應，當烤箱調至所需溫度時，烤箱會維持恆溫狀態，但一般使用的機械式溫控感應，有10-30℃誤差，烘焙時這是決定性差異，建議先放入烤箱溫度計，將烤箱溫度調至目標溫度。

2. 除了特殊情況，每次烘焙前烤箱要充分預熱，預熱至烘焙時所需溫度（放入冰冷材料或食材份量較多會讓溫度下降，有時候預熱溫度可能要略高）。每個烤箱預熱所需時間不同，所以預熱標準是，烤箱裡的烤箱溫度計到達目標溫度。但剛到達目標溫度時，並非每個角落都達目標溫度，建議稍待一下，再把東西放進烤箱。

3. 保持烤箱溫度。家用烤箱小且儲熱能力弱，打開一次，溫度可能下降20-30℃，再次回溫要一段時間，所以盡量避免烘焙時打開烤箱。如有需求，可提高預熱溫度，放入烤盤後再調低至烘焙溫度，反轉烤盤時應快速完成，放入大量烤盤或放入較冷的材料時，可略為增加溫度和烘焙時間。

塔模（圓形，波浪形）

製作塔的模具，大小高度不同，會影響麵團用量，和使用相對應的切模。

塔環

沒有底部的環形模具，有不同大小高度，需要時可包上鋁箔紙做成一般模具使用。

切模（圓形，波浪形）

幫助切出圓形或波浪邊圓形的工具，通常一套有多種不同大小，製作塔皮或裝飾時使用。

活動式蛋糕模、扣環蛋糕模

底部可拆出的模具，方便脫模，但太流質的麵糊可能滲漏，須包上鋁箔紙。

磅蛋糕模

製作磅蛋糕的模具。

馬芬模具

製作馬芬的模具。如果所使用的馬芬紙杯太薄，模具亦能固定紙杯內的麵糊，防止流出。

瑪德蓮蛋糕模

製作瑪德蓮蛋糕的模具，盡量選擇厚薄平均，導熱良好的模具，可讓烤出的成品外觀顏色更均勻。

費南雪蛋糕模

製作費南雪蛋糕的模具，盡量選擇厚薄平均，導熱良好的模具。

戚風蛋糕模

模具中空讓中心更易受熱，溫度容易傳到中心，比起一般圓形模具，烘焙時間較短。

布丁模

製作布丁的模具，也可用作馬芬模具，熔岩蛋糕模具。

長鋸齒刀

適合切割蛋糕、派等容易因壓力破損的食物，加上刀身較長，易於處理大型食物。

蛋糕水平切割器

配合長鋸齒刀使用，根據需要調整格數，切出不同厚薄的成品。

矽膠刮刀

用來攪拌均勻材料或麵糊，方便快速刮起盆內糊狀材料。

抹刀

塗抹蛋糕外層的工具，也可剷起蛋糕，選擇具彈性的抹刀，方便插入蛋糕底部，不易破壞蛋糕。

蛋糕脫模刀

塑膠材質的小工具，脫模時不易破壞蛋糕。

量匙

量度微量材料的計量工具，盡量選用有1/8小匙（tsp）的量匙，在量度微量的材料時會更方便。

巧克力鏟刀

製作巧克力時所使用的工具，特別適用於大理石調溫法。

電動攪拌棒、調理攪拌棒

有打發及打碎材料功能配件。製作巧克力時，可讓成品口感提升。

烤盤

有不同材質、深淺及大小，可選用較深的烤盤，方便使用水浴法，也可以防止食物汁液外流。

電子磅秤

測量微量和一般重量的材料，用以準確秤量所需材料的重量，使用時需放在水平桌面。

烤箱溫度計

可放進烤箱的溫度計，確保烤箱裡到達所需溫度才進行烘烤。

電子溫度計（探針、紅外線）

量度溫度，探針型溫度計能直接插入食物測量中心溫度。

電子計時器

烘焙時可取代烤箱的計時器，也方便計算烘焙途中旋轉烤盤的時間。

噴火槍

脫模、炙燒會用到的工具。

烘焙矽膠墊

方便製作麵團操作,也可當作烘焙紙使用,有防黏作用。

烘焙透氣矽膠墊

烘焙時使用的矽膠墊,幫助烘焙時麵團底部排出濕氣,達到鬆脆效果。

擠花袋

包括一次性或可重用擠花袋,可重用擠花袋清洗後應吹乾並密封保存,避免沾上灰塵。

花嘴

擠出不同大小花紋的擠花嘴,裝飾成品、擠花紋用的工具。

糖粉篩

孔洞比一般過濾網更小,能過濾比粉粒更細的粉類。

刮板

分軟質和硬質塑膠,用來切割麵團和刮平麵糊的工具。

針車輪

派皮及塔皮打孔使用的工具,少量製作時可以叉子代替。

蛋糕轉盤

裝飾鮮奶油蛋糕抹面的工具。

蛋糕測試針

測試蛋糕是否熟透的工具,以不鏽鋼製成,可以竹籤代替。

烘焙重石

鋪墊在派皮或塔皮裡,同時放進烤箱烘焙,避免因焗烤而變形。

巧克力叉

製作巧克力的工具,不同形狀適合製作不同形式的巧克力,可以自行加工的叉子代替。

份量計算與溫度

以重量（g）秤量食材最準確

食譜大多以杯或匙作為測量單位，但這並不符合烘焙上所需的準確度，且會造成所需份量誤差，影響成品完成度。另外，清水以外的物質，體積並不等於重量，所以基本上統一以重量（g）來計算最為準確。

基本單位換算：

1 小匙（tsp）= 5 毫升（ml）

1 大匙（tbsp）= 3 小匙（tsp）= 15 毫升（ml）

1 公升（L）= 1000 毫升（ml）

1 公斤（kg）= 2.2 磅（lbs）= 1000 克（g）

1 磅（lb）= 454 克（g）

1 盎司（oz）= 28.3 克（g）

1 公分（cm）= 10 公釐（mm）

1 吋（inch）= 2.54 公分（cm）

模具尺寸換算

如果和食譜使用的模具尺寸或形狀不同，就要作換算，以計算出合適的材料比例。將食譜的份量乘以「X」即可得出最終所需的份量。

圓形模具 轉 圓形模具

X =（你的模具半徑）^{2} ÷（食譜模具半徑）^{2}

方形模具 轉 方形模具

X =（你的模具長度 × 你的模具寬度）÷（食譜模具面積長度 × 食譜模具模具寬度）

其他

X =（你的模具體積）/（食譜模具體積）

圓形模具體積：（半徑 × 半徑 × 3.14）× 高度

方形模具體積：（長度 × 寬度）× 高度

另外，可以先將模具注水再量出水的重量，用注水的方法量出模具體積。

$1g=1cm^3$

可透過以下換算表，找出「X」的數值。先從左方找出食譜使用模具尺寸，再從上方找出你的模具尺寸，如食譜使用6吋圓形模，而你用的是7吋圓形模，「X」便是1.4，將食譜份量乘上1.4即是你所需的正確份量。

		你的模具尺寸																
		4吋圓形模	5吋圓形模	6吋圓形模	7吋圓形模	8吋圓形模	9吋圓形模	10吋圓形模	11吋圓形模	12吋圓形模	4吋方形模	5吋方形模	6吋方形模	7吋方形模	8吋方形模	9吋方形模	10吋方形模	11吋方形模	12吋方形模
食譜模具的尺寸	4吋圓形模	1	1.6	2.3	3.1	4	5.1	6.3	7.6	9	1.3	2	2.9	4	5.1	6.5	8	9.7	11.5
	5吋圓形模	0.7	1	1.5	2	2.6	3.3	4	4.9	5.8	0.9	1.3	1.9	2.5	3.3	4.2	5.1	6.2	7.4
	6吋圓形模	0.5	0.7	1	1.4	1.8	2.3	2.8	3.4	4	0.6	0.9	1.3	1.8	2.3	2.9	3.6	4.3	5.1
	7吋圓形模	0.4	0.6	0.8	1	1.4	1.7	2	2.5	3.0	0.5	0.7	1.0	1.3	1.7	2.2	2.6	3.2	3.8
	8吋圓形模	0.3	0.4	0.6	0.8	1	1.3	1.6	1.9	2.3	0.4	0.5	0.8	1	1.3	1.7	2	2.5	2.9
	9吋圓形模	0.2	0.4	0.5	0.7	0.8	1	1.3	1.5	1.8	0.3	0.4	0.6	0.8	1.1	1.3	1.6	2	2.3
	10吋圓形模	0.2	0.3	0.4	0.5	0.7	0.9	1	1.3	1.5	0.3	0.4	0.5	0.7	0.9	1.1	1.3	1.6	1.9
	11吋圓形模	0.2	0.3	0.4	0.5	0.6	0.7	0.9	1	1.2	0.2	0.3	0.4	0.6	0.7	0.9	1.1	1.3	1.6
	12吋圓形模	0.2	0.2	0.3	0.4	0.5	0.6	0.7	0.9	1	0.2	0.3	0.4	0.5	0.6	0.8	0.9	1.1	1.3
	4吋方形模	0.8	1.3	1.8	2.5	3.2	4	5	6	7.1	1	1.6	2.3	3.1	4	5.1	6.3	7.6	9
	5吋方形模	0.6	0.8	1.2	1.6	2.1	2.6	3.2	3.8	4.6	0.7	1	1.5	2	2.6	3.3	4	4.9	5.8
	6吋方形模	0.4	0.6	0.8	1.2	1.6	2.1	2.6	3.2	3.8	0.5	0.7	1	1.4	1.8	2.3	2.8	3.4	4
	7吋方形模	0.3	0.5	0.6	0.8	1.1	1.4	1.8	2.2	2.7	0.4	0.6	0.8	1	1.4	1.7	2.1	2.5	3
	8吋方形模	0.2	0.4	0.5	0.7	0.8	1	1.3	1.5	1.8	0.3	0.4	0.6	0.8	1	1.3	1.6	1.9	2.3
	9吋方形模	0.2	0.3	0.4	0.5	0.7	0.8	1	1.2	1.4	0.2	0.4	0.5	0.7	0.8	1	1.3	1.5	1.8
	10吋方形模	0.2	0.2	0.3	0.4	0.6	0.7	0.8	1	1.2	0.2	0.3	0.4	0.5	0.7	0.8	1	1.3	1.5
	11吋方形模	0.2	0.2	0.3	0.4	0.5	0.6	0.7	0.8	1	0.2	0.3	0.3	0.5	0.6	0.7	0.9	1	1.2
	12吋方形模	0.1	0.2	0.2	0.3	0.4	0.5	0.6	0.7	0.8	0.2	0.2	0.3	0.4	0.5	0.6	0.7	0.9	1

溫度 ℃

烘焙時除了材料、技巧，最重要且影響成敗的因素就是溫度。熱力是一種能量，
首先要了解熱這種能量的幾種傳播方式：

傳導（Conduction）

能量以直接接觸的方式傳遞，就像用手拿一杯熱咖啡，熱力直接從杯子傳到手上。

對流（Convection）

透過液體或氣體傳遞能量的方式，當液體或氣體不停流動，熱力就會傳遞。把手指
放進熱咖啡裡，或手放在熱咖啡的蒸氣上，就能感受對流傳來的熱力。

輻射（Radiation）

透過電磁波傳遞能量，就像太陽的熱力就是以輻射方式傳播，烤箱發熱線的熱力
就是這樣傳到食物裡。

微波（Microwaves）

微波爐就是使用微波加熱的機器，微波以電磁輻射方式傳播，當微波遇上水份的
粒子，會讓粒子快速移動，粒子間摩擦就會產生熱能讓食物變熱。

烘焙時熱力會以梯度方式傳遞，想像切開五分熟牛排，外層是熟的，愈到肉塊中心
愈接近生肉顏色，溫度愈高梯度愈明顯。而根據麵團大小、厚薄、預期效果決定
適合溫度，是決定烘焙溫度的關鍵。例如磅蛋糕想烤上色，膨脹效果更好，會用
比較高的溫度，再調低溫度進一步烤熟內部，以防外觀烤焦，蛋白脆餅不想烤
上色，但中心水份要烤乾，所以選擇低溫長時間烘焙。

另外，在烘焙時有兩個非常重要的化學反應需要理解：

焦糖化 （Caramelization）

焦糖化是指糖加熱達一定溫度，顏色和味道會改變，糖在過程中由淡黃變褐色，
由清淡甜味變焦香。加熱至125-130℃時開始焦糖化，升至160℃會達到焦糖褐色
狀態，溫度再上升會焦至碳化，發出燒焦味。所以含糖的麵團，外層會出現這種
變化，是麵團烤上色的原因之一。

梅納效應（Maillard Reaction）

在含有蛋白質、胺基酸、葡萄糖與果糖等碳水化合物，在加熱時會產生反應，而
烘焙麵團時，麵團成份裡的麵粉、雞蛋受熱即滿足這些條件。梅納效應在約
140-165℃反應最活躍，麵團表面會產生褐色，產生獨特香氣。

膨脹劑與凝固劑

膨脹劑

小蘇打粉及泡打粉是常用的添加劑，作用是幫助麵團膨脹，令成品更鬆軟。

小蘇打粉 （Baking Soda）

小蘇打粉成份爲碳酸氫鈉，加入水同時加熱，會產生二氧化碳，二氧化碳就會讓麵團膨脹，麵團結構產生空洞，從而產生鬆軟效果。但碳酸氫鈉產生作用後，會轉化成帶有苦味、鹼性的碳酸鈉，所以使用過多，會有明顯苦味。

泡打粉 （Baking Powder）

泡打粉與小蘇打粉成份相似，爲碳酸氫鈉加入酸性劑，以中和作用後產生的碳酸鈉。同時會加入少量分隔作用的物質（多是玉米粉），防止碳酸氫鈉與酸性物質受潮互相作用，是一種改良版小蘇打粉，適合烘焙使用。由於碳酸氫鈉含量變少，因此泡打粉的用量要增加，約小蘇打粉的一至兩倍用量。

無鋁泡打粉 （Aluminium Free Baking Powder）

泡打粉裡的酸性劑有時會使用硫酸鋁，當中含有鋁，長期過量攝取對身體有害。所以市售有些註明無鋁泡打粉，表示酸性劑會使用不含鋁的物質，減少鋁攝取量。

自發粉 （Self Rising Flour）

自發粉是加了泡打粉的中筋麵粉，比例約是 100g 的麵粉加入 5g 泡打粉。

凝固劑

吉利丁（Gelatin）

吉利丁是最常用的凝固劑之一，其凝固性及融化溫度使其適合用來做入口即化的甜點。主要原料爲動物的皮、骨骼，提煉萃取形成吉利丁，凝固作用會在低溫下產生，當成品存於 10℃ 以下會開結凝固，溫度愈低硬度愈高，融化溫度是 40-80℃，超過90℃，吉利丁成份會分解成更小的分子，降低凝固效果。通常分爲片狀和粉狀，成份與凝結能力差不多，所以使用份量一樣，只是使用方式略有不同，如食譜用了 5g 吉利丁片，即可以 5g 吉利丁粉代替。**作法→ P.36-38**

烘焙前的準備工作

處理香草莢

1. 香草莢稍微捏一下，香草籽被捏鬆，更容易被刮下。

2. 把香草莢底面對切成兩條，香草籽輕輕刮下，便能取出香草籽。

磅蛋糕模鋪烘焙紙

1. 準備比模具尺寸稍大的烘焙紙。

2. 以折痕記綠模具底部位置，修剪掉多餘部份。

3. 剪去四角中間部份。

4. 放進模具。

圓型蛋糕模鋪烘焙紙

1. 準備比模具尺寸稍大的烘焙紙，折出正方形後剪去多餘部份。

2. 對折三次，放到圓形模具底部，根據圓周形狀剪去多餘部份，就能得到一張與模具底部形狀相同的烘焙紙。

3. 準備比圓周長的烘焙紙，捲起來和模具比對一下，根據模具高度剪去多餘部份。

擠花袋操作

1. 將擠花袋開口向外向下折約一半，手握住擠花袋下半部。

2. 刮刀將麵糊填進擠花袋裡，放在桌上以刮板將麵糊往前刮，讓麵糊集中在前端。

3. 擠花袋逆時針扭幾下，食指和拇指夾住，另一隻手輕輕握著前端。

4. 如想重複使用擠花袋，可在裝麵糊前以夾子把袋口夾住，避免麵糊溢出。

吉利丁粉使用方法

1. 吉利丁粉加入粉量約三倍的冷水融解，靜待吉利丁粉吸水膨脹後再攪拌，否則容易讓粉末結塊。

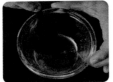

tips

水量不足，吉利丁粉融化不均勻，溶液很快會變硬。水量太多，很難拌勻，吉利丁粉容易結塊。

2. 隔水加熱或微波幾秒吉利丁溶液，倒入食譜裡的液體拌勻即可。

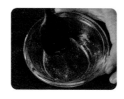

tips

可從食譜中取出部份液體份量泡軟吉利丁粉，或之後從食譜中減少用作浸泡吉利丁粉液體的份量。

吉利丁片使用方法

1. 吉利丁片剪成小片，加入冷水泡軟。

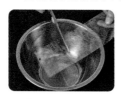 

2. 吉利丁片在20-30℃會開始融化，可加入冰塊確保處於低溫。

tips

浸泡時盡量不要重疊，以免浸泡不勻。由於吉利丁片吸水量固定，之後又會瀝乾水份，水量蓋過吉利丁片即可。

3. 用手瀝乾水份，隔水加熱或微波幾秒，至成為吉利丁溶液，倒入食譜裡的液體拌勻即可。

 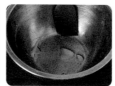

自製吉利丁塊

1. 吉利丁片剪成小塊加入清水。

| 吉利丁片 5g | 水 25g |

2. 隔水加熱或微波至吉利丁融化，將吉利丁溶液與清水完全混合。

3. 冷藏至凝固後，可切小塊使用。

自製巧克力模具

1. 準備比模具尺寸大的烘焙紙。

2. 每邊預留約3-4cm，依需要尺寸折出底部大小，剪去四角。

3. 四角釘起來形成模具。

4. 卡紙用同樣做法製作，高度比烘焙紙略高1-2mm。

5. 烘焙紙模具放進卡紙模具加固外框，避免倒入巧克力時因重量變形外擴流出。

取出橙、葡萄柚果肉

1. 將頂部及底部切去，垂直切去果皮。

2. 將果肉上白色橘絡部份切去。

3. 從果肉間的分隔線切下去，切到最底，將果肉從左邊分隔線挖出。

取出奇異果果肉

1. 刀子沿著奇異果頂端挖一圈，扭一下即可扭下較硬的位置。

2. 垂直切去果皮，依需求切成片或小塊。

FILLING & JAM

內餡與果醬

製作甜點時，除了最重要的麵團以外，會加入各種內餡以及果醬，來為甜點增添不同口味變化，雖說有些可購買現成品，但若能自己動手做，想必更能增添烘焙時的樂趣，同時也能確保品質，讓製作出的成品，在質感與口感上更上一層。

卡士達醬

CUSTARD

份量 | 約350g　　保存期限 | 冷藏3-5天

材料 INGREDIENT

A	牛奶	250g
	香草醬 或	1/2tsp
	香草莢	1/2根

B	蛋黃	3顆
		(約60g)
	白砂糖	70g
	鹽	1g

C	玉米粉	15g
	低筋麵粉	10g

無鹽奶油　　15g

事前準備 PREPARATION

1. 材料C混合過篩

作法 METHODS

1

混合材料A，加入少量材料B的白砂糖，以小火煮至微滾。

材料A 全部	白砂糖 少許

tips

加入少量白砂糖，可讓牛奶沸點變高，減少煮焦機率。

2

材料B放入調理盆，打發拌勻。

材料B 全部

3

加入過篩的材料C拌勻。

> 材料C
> 全部

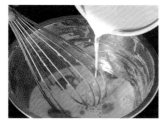

4

加入已加熱牛奶約一半的份量，攪拌均勻後，倒回鍋裡與步驟1剩下的牛奶混合。

tips
____
倒入牛奶立即攪拌，避免蛋黃變熟。

5

中火不停攪拌，四角、底部都要攪拌到，避免煮焦。

6

煮到後段變得濃稠持續攪拌，卡士達醬會慢慢變順滑。

7

關火拌入奶油，拌至完全融化，再用篩網濾掉雜質。

> 無鹽奶油
> 15g

8

抹平卡士達醬，以保鮮膜覆蓋，冷藏備用。

tips
____
1.可以冰塊急速冷凍卡士達醬。

2.冷藏後的卡士達醬要快速攪拌回軟，才能恢復柔軟質感。

卡士達醬

Q&A

Q1. 製作卡士達醬時，有時會用麵粉，有時會用玉米粉，兩者有什麼分別？

以下是用同等份量低筋麵粉和玉米粉製作的卡士達醬：

玉米粉：
質地較挺身，重新打散均勻的時間較長，糊化溫度較低，約攝氏 60度，較容易操作。對溫度不敏感，狀況比較穩定。

低筋麵粉：
質地較軟，口感較順滑，糊化溫度較高，約攝氏80度，放在室溫 容易變稀，相對難操作，須掌握好溫度。

所以食譜將兩者混合，可依所需質地調整：如泡芙需放室溫、保 持形狀，可用玉米粉；如混合鮮奶油、須冷藏、口感要順滑，可 用麵粉。

Q2. 為什麼要用冰塊急速冷卻卡士達醬？

1. 如果室內溫度過高，冷卻時間長容易滋生細菌，由於卡 士達醬是直接食用不再加熱，所以要特別注意。
2. 將大量高溫卡士達醬放進冰箱，會讓冰箱內部溫度突然升 高，導致其他食物融解、腐壞。

Q3. 為什麼保鮮膜要緊貼卡士達醬？

1.在卡士達醬剛完成時，因溫度很高，保鮮膜如果不緊 貼卡士達醬表面，可能因汗水滴下，破壞卡士達醬。
2.冷卻情況下，卡士達醬容易乾燥結塊，攪勻後結塊也 不會消失，影響口感。

香緹鮮奶油

CHANTILLY CREAM

份量｜約200g   保存期限｜冷藏4天

材料 INGREDIENT

鮮奶油	200g
白砂糖	20g
香草醬	1/2tsp

作法 METHODS

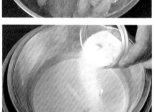

1
鮮奶油倒入調理盆。放入另一個備有冰塊的調理盆，加入白砂糖。

鮮奶油	白砂糖
200g	20g

tips

鮮奶油應一直處於冷藏低溫狀態，尤其是夏天打發鮮奶油時，可先將打蛋器、調理盆冷藏，避免過程中產生熱能，影響打發狀態。

2
電動打蛋器慢速打至鮮奶油出現氣泡。

3
轉中速持續打至三至四分發，當鮮奶油開始變稠，加入香草醬。

香草醬
1/2tsp

tips

如使用香草莢，可取出香草籽連同香草莢，一起浸泡在鮮奶油一晚，取出香草莢後再打發。

4
保持穩定速度，將鮮奶油打發至呈柔軟、蓬鬆狀態，舀起尾端會有筆直的小勾勾即可。

tips

打發完成的鮮奶油要盡快使用或立刻放入冰箱保存。

焦糖榛果

CARAMELIZED HAZELNUT

份量 | 約200g 　　 保存期限 | 室溫14天

材料 INGREDIENT

A	香草醬	1/4tsp
	水	20g
	砂糖	50g
	鹽	1/8tsp
	榛果	200g

作法 METHODS

▌製作去皮榛果

1

榛果放入烤盤以150℃烘烤35-40分鐘，不時搖晃讓榛果受熱均勻。

> 榛果
> 200g

2

取出榛果略為放涼，每次取出少量榛果放在掌心磨擦去皮，未去除的外皮，則輕輕剝下。

2

▌製作焦糖裹榛果

3

材料A倒入鍋中，小火加熱至開始變黃。

材料A
全部

4

倒入榛果，拌勻至表面裹上糖漿，煮至焦糖色即可。

5

榛果放在矽膠墊上，趁焦糖還未凝固，將榛果分開。

6 完成冷卻後，放入密封容器保存。

tips

如加入榛果後糖漿凝固硬化，表示糖漿的水份已蒸發，加入少量水加蓋煮稀，再繼續攪拌完成。

焦糖醬

CARAMEL SAUCE

份量｜約280g　　保存期限｜冷藏1個月

材料 INGREDIENT

A	鮮奶油	80g
	鹽	2.5g
	香草醬	1/4tsp
	白砂糖	140g
	玉米糖漿	10g
	無鹽奶油	30g

作法 METHODS

1

材料 A 放入鍋中，加熱煮融後盛起備用。

材料A
全部

2

倒入約一半白砂糖，搖動鍋子讓砂糖均勻鋪滿。

白砂糖
70g

3

待砂糖融化成透明，分次加入剩下的砂糖。

白砂糖
70g

tips

白砂糖全部一次加入，因受熱不均有些白砂糖會變焦或沒有融化。

4

慢火加熱煮融，加入玉米糖漿。

玉米糖漿
10g

tips

1.加入玉米糖漿或轉化糖漿是為了避免過度攪拌的白砂糖結晶造成反砂。

2.不要過度搖晃鍋子或攪拌，以免糖漿沾到鍋邊凝固。

5

煮至白砂糖完全融化，顏色變成焦糖色。

tips

糖液開始變色時，溫度上升得很快，要注意糖液溫度，避免過高燒焦。

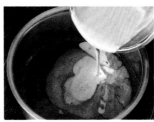

6

加入步驟1的鮮奶油，稍微攪拌後離火。

7

拌入無鹽奶油，攪拌均勻即可。

無鹽奶油
30g

tips

可過篩濾掉焦糖塊，讓焦糖醬變得更滑順。

焦化奶油

BROWN BUTTER

份量｜約150g　　保存期限｜冷藏1個月

材料 INGREDIENT

無鹽奶油　　　　　200g

作法 METHODS

1

奶油放入鍋中，
以中小火加熱。

無鹽奶油
200g

tips

2.乳固體形成棕色
顆粒，代表奶油已焦化
完成。

3.輕輕掃開泡沫觀察奶
油顏色與狀態。

2

由淡黃色煮至
深棕色，泡沫由
大變小，並釋出
堅果香氣。

3

過篩隔走殘渣，
撇去泡沫，室溫
放涼即可。

tips

1.奶油熬煮時會發出沸
騰的聲音，煮至深棕色
時，聲音變小，代表水
份已蒸發完畢。

榛果抹醬

HAZELNUT PRALINE PASTE

份量｜1份約200g　　保存期限｜室溫14天
　　　　　　　　　　　　　　　　冷藏1個月

材料 INGREDIENT

焦糖榛果　　　　　200g

作法 METHODS

1

將焦糖榛果倒
入食物調理機
攪碎。

焦糖榛果
200g

2

攪拌約2分鐘後
將黏在壁上的
榛果泥刮下。

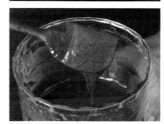

3

再次攪拌5-6
分鐘,攪拌至榛
果釋出內含油
脂,慢慢變成細
緻質地,完成後
冷藏備用。

奶酥粒

CRUMBLE

份量｜約280g　　保存期限｜冷藏5天

材料 INGREDIENT

A	低筋麵粉	70g	無鹽奶油	60g
	杏仁粉	70g	白砂糖	80g
	肉桂粉	1g	蘭姆酒	10g

事前準備 PREPARATION

1. 低溫食材會阻礙乳化形成，無鹽奶油放室溫備用。
2. 混合材料A備用。

作法 METHODS

■ 製作奶酥粒

1

將無鹽奶油切成小塊，放進調理盆。

無鹽奶油
60g

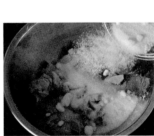

2

加入白砂糖、材料A，稍微拌勻。

白砂糖	材料A
80g	全部

3

混合物以手指
搓揉成碎屑。

tips

手的溫度會融化奶油，用指尖搓揉，可減少
溫度傳到奶油。如混合物變得黏手，代表奶
油開始融化，可冷藏一會再操作。

4

加入蘭姆酒，
稍微拌勻。

蘭姆酒
10g

tips

以叉子拌勻
可讓顆粒分
開，不易成
團。

5

完成可冷藏備用，或放在冰箱保存，
使用前再進行烘焙即可。

▌烘烤奶酥粒

6

奶酥粒平均分
佈在鋪了矽膠
墊的烤盤上。

7

以180度烘烤10分鐘即可。

8

完成後放涼，將連在一起的奶酥粒
分開。

tips

奶酥粒會慢慢受潮變軟，要以密封容器
保存，並盡快用完。

藍莓果醬

BLUEBERRY JAM

份量 | 約280g   保存期限 | 冷藏1個月

材料 INGREDIENT

新鮮藍莓	300g	檸檬汁	20g
白砂糖	100g	果膠	2g

事前準備 PREPARATION

1. 使用冷凍藍莓要先解凍。
2. 檸檬及新鮮藍莓洗淨瀝乾備用。
3. 檸檬榨汁過篩。 作法→ P.65

作法 METHODS

1

白砂糖和果膠混合後倒入鍋中,並加入藍莓、檸檬汁。

新鮮藍莓	檸檬汁	白砂糖	果膠
300g	20g	100g	2g

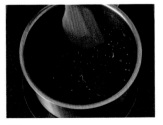

2

小火加熱一邊煮一邊攪拌。待白砂糖融化,轉中火煮至果汁收乾大半。

 tips

途中要不時攪拌避免煮焦。

3

小火繼續將果醬煮至濃稠,由於放涼後會更濃稠,可滴到湯匙或調理盆表面觀察濃稠度。

tips

依個人喜好決定果醬濃稠度。

4 以食用酒精消毒玻璃容器,或用沸水消毒後擦乾。放入果醬,放涼後密封放冰箱保存。

蘋果派內餡

APPLE FILLING

份量│約280g　　保存期限│冷藏5天

材料 INGREDIENT

A	白砂糖	20g	去皮去籽蘋果	300g
	Brown Sugar	10g	無鹽奶油	20g
	鹽	0.5g	檸檬汁	20g

事前準備 PREPARATION

1. 蘋果洗淨，去皮去籽切成小塊。
2. 檸檬榨汁過篩。　作法→ P.65

作法 METHODS

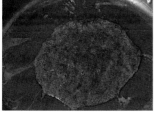

1

平底鍋加入無鹽奶油，待奶油融化後加入材料A煮融。

無鹽奶油
20g

材料A
全部

2

加入蘋果，稍微拌勻加入檸檬汁。

去皮去籽蘋果
300g

檸檬汁
20g

3

加蓋中火煮至蘋果變軟，湯汁慢慢收乾即可。

塗抹用蛋液

EGG WASH

份量｜約120g

材料 INGREDIENT

雞蛋	1顆
牛奶	5g

作法 METHODS

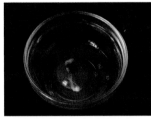

1

打勻雞蛋液。

雞蛋
1顆

2

混合蛋液和牛
奶即可。

牛奶
5g

果膠溶液

CLEAR GLAZE

份量｜約120g

材料 INGREDIENT

白砂糖	33g	水	95g
果膠	5g	檸檬汁	5g

事前準備 PREPARATION

1. 檸檬榨汁過篩。 作法→ P.65

作法 METHODS

1

白砂糖、果膠
倒入鍋裡攪拌
混合。

白砂糖	果膠
33g	5g

tips
白砂糖和果膠預先混合可防止果膠結塊。

2

加入檸檬汁
和水。

水	檸檬汁
95g	5g

3

攪拌均勻後,加
熱煮沸離火。

4

過篩濾去沒有
融化的顆粒。

5 放涼至微溫即可使用。可冷藏備用,
若溶液凝固,可加熱融化再使用。

CAKE

蛋糕

蛋糕之所以稱為蛋糕，是因為主材料為雞蛋，然而隨加入材料的不同，便延伸出不同種類與口味的蛋糕。其中以雞蛋、糖、奶油、麵粉比例皆佔一磅命名的磅蛋糕，屬於製作難度不高的入門款。常見的海綿蛋糕，則因蛋糕麵糊打發方式不同區分為全蛋海綿蛋糕和分蛋海綿蛋糕，了解其原理後更能製作出不同類型的甜點。至於口感濃郁的起司蛋糕，則有要進烤箱烘烤的一般起司蛋糕，與不須烘烤的生乳酪蛋糕。

POUND CAKE

奶油磅蛋糕

烘焙重點｜基礎磅蛋糕製作方法

模　　具｜磅蛋糕模（9×18×6cm）

份　　量｜1個

保存期限｜室溫3天

材料 INGREDIENT

A	中筋麵粉	125g
	泡打粉	3.5g
無鹽奶油		125g
糖粉		100g
雞蛋		125g
玉米糖漿		10g
鹽		1g
牛奶		10g

事前準備 PREPARATION

1. 低溫食材會阻礙乳化形成，因此所有冷凍食材須預先存放至室溫。

2. 材料A混合過篩。

3. 模具薄塗一層室溫奶油，倒入高筋麵粉，左右搖晃鋪滿模具內部，再倒出多餘麵粉。亦可將烘焙紙折成模具大小放入模具。

作法→ P.34

4. 烤箱預熱至200℃。

作法 METHODS

■ 製作奶油麵糊

1

過篩糖粉加入
室溫奶油，打
發至呈乳白色。

無鹽奶油
125g

糖粉
100g

2

分次加入蛋
液，每次材料
混合均勻後再
倒入蛋液。

雞蛋
125g

3

加入鹽、玉米
糖漿拌勻。

鹽	玉米糖漿
1g	10g

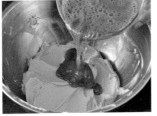

3

4

倒入過篩的材
料A，以刮刀將
麵糊切拌至無
粉狀態。

材料A
全部

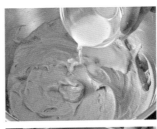

5

加入牛奶拌勻
即可。

牛奶
10g

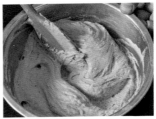

▌入模烘烤

6

麵糊倒入撒了麵粉的模具，輕敲模具讓麵糊更平整。

7

在麵糊中間塗上一道融化奶油。

9

出爐後輕敲模具四邊，確認蛋糕脫模倒出，放至散熱架冷卻。

 tips

烘焙時蛋糕頂部會因膨脹裂開，塗融化奶油可控制裂痕在中間形成。或在烘焙約10分鐘麵糊表面開始凝固時取出，以小刀切開蛋糕亦可達到相同效果。

8

以200℃烘烤10分鐘後，溫度調至170℃，繼續烘烤25分鐘。

| 蛋糕 Cake |

LEMON CAKE

檸檬磅蛋糕

烘焙重點│削皮榨汁技巧，並製作淋醬糖霜
模　　具│磅蛋糕模（9×18×6cm）

份　　量│1個
保存期限│室溫3天

材料 INGREDIENT

A	無鹽奶油	100g
	糖粉	80g
	鹽	1g
	玉米糖漿	10g
	雞蛋	100g
	中筋麵粉	90g
	泡打粉	3g

檸檬汁/牛奶	15g
檸檬	1顆

▌檸檬糖霜材料

檸檬汁	15g
糖粉	80g

事前準備 PREPARATION

1. 檸檬皮刨成屑備用。
2. 檸檬榨汁過篩備用。
3. 低溫食材會阻礙乳化形成，因此所有冷凍食材須預先存放至室溫。
4. 中筋麵粉、泡打粉混合過篩。

5. 模具薄塗一層室溫奶油，倒入高筋麵粉，左右搖晃鋪滿模具內部，再倒出多餘麵粉。亦可將烘焙紙折成模具大小放入模具。
   作法→ P.34
6. 烤箱預熱至200℃。

tips

1. 榨汁前可先用手壓住檸檬，在桌子上來回滾動幾下，這樣能擠出更多檸檬汁。
2. 削檸檬時磨下表面鮮黃皮即可，避免刮下檸檬皮底層白色發苦的地方。

作法 METHODS

▌製作奶油麵糊

1 按照P.62步驟1-4製作奶油麵糊。

材料A
全部

2 加入檸檬皮、檸檬汁拌勻。

檸檬
1顆

檸檬汁/牛奶
15g

tips

不喜歡酸味太重，可用牛奶代替。

▌入模烘烤

3 麵糊倒入撒了麵粉的模具，輕敲模具讓麵糊更平整。

4 在麵糊中間塗上一道融化奶油。

5 以200℃烘烤10分鐘後，溫度調至170℃，繼續烘烤25分鐘。

▌製作檸檬糖霜

6 檸檬汁、糖粉倒入調理盆，攪拌至成為質地滑順的檸檬糖霜。

檸檬汁
15g

糖粉
80g

tips

完成後包上保鮮膜備用，以免檸檬糖霜水份流失，不夠濕潤。

▎蛋糕脫模

7

出爐後輕敲模具四邊，確認蛋糕脫模倒出，放至散熱架冷卻。

▎糖霜淋醬

8

冷卻的蛋糕淋上檸檬糖霜，塗抹均勻放入烤箱烤至糖霜呈透明後，從烤箱取出，放至散熱架冷卻即可。

CARROT CAKE

紅蘿蔔蛋糕

烘焙重點｜拌入乾濕材料，製作、塗抹奶油霜
模　　具｜扣環圓形蛋糕模（Ø15×6cm）

份　　量｜1個
保存期限｜室溫3天

材料 INGREDIENT

| A ┌ 中筋麵粉 | 150g |
| └ 泡打粉 | 4g |

沙拉油	150g
白砂糖	150g
雞蛋	150g
鹽	1g
紅蘿蔔	225g
核桃	60g

▌奶油起司霜材料

奶油起司	180g
糖粉	95g
香草精	3g

事前準備 PREPARATION

1. 紅蘿蔔去皮刨成細絲。
2. 低溫食材會阻礙乳化形成，因此所有冷凍食材須預先存放至室溫。
3. 材料A混合過篩。

4. 模具薄塗一層室溫奶油，倒入高筋麵粉，左右搖晃鋪滿模具內部，再倒出多餘麵粉。亦可將烘焙紙折成模具大小放入模具。

作法→ P.34

5. 核桃稍微捏碎成小塊。
6. 烤箱預熱至200℃。

作法 METHODS

▌製作奶油麵糊

1

白砂糖加入蛋液攪拌均勻，接著倒入鹽、沙拉油拌勻。

雞蛋 150g	白砂糖 150g
鹽 1g	沙拉油 150g

2

倒入過篩的材料A，以刮刀將麵糊切拌至無粉狀態。

材料A 全部

3

紅蘿蔔絲水份擠乾。

紅蘿蔔絲 225g

4

麵糊加入紅蘿蔔絲、核桃拌勻。

核桃 60g

▌入模烘烤

5

麵糊倒入撒了麵粉的模具，輕敲模具讓麵糊更平整。以200℃烘烤10分鐘後，溫度調至170℃，繼續烘烤40分鐘。

█ 製作奶油起司霜

6

奶油起司放入調理盆,以電動打蛋器打成霜狀,加入糖粉、香草精,再攪拌至質地順滑即可。

| 奶油起司 180g |
| 糖粉 95g | 香草精 3g |

█ 蛋糕脫模

7

出爐後打開扣環,倒出蛋糕。

█ 蛋糕抹醬

8

蛋糕橫切成半,在蛋糕表面及中間,均勻抹上奶油起司霜即可。

| 蛋糕 Cake |

TRIPLE CHOCOLATE MUFFIN
三重巧克力馬芬

烘焙重點｜製作馬芬小蛋糕　　　　　　　份　　量｜6個

模　　具｜馬芬模具（頂部Ø7.5cm/底部Ø5cm/高3cm）　　保存期限｜室溫3天

材料 INGREDIENT

A	中筋麵粉	100g
	可可粉	15g
	泡打粉	5g

B	白砂糖	60g
	黃糖	40g
	鹽	1g

| C | 牛奶 | 80g |
| | 無鹽奶油 | 60g |

雞蛋	100g
38%牛奶巧克力塊	40g
耐烤巧克力豆	40g

事前準備 PREPARATION

1. 低溫食材會阻礙乳化形成，因此所有冷凍食材須預先存放至室溫。

2. 材料A混合過篩。

3. 蛋糕紙杯放入馬芬模具。

4. 融化材料C的無鹽奶油。

5. 隔水融化38%牛奶巧克力塊。

6. 烤箱預熱至200℃。

作法 METHODS

▋ 製作馬芬麵糊

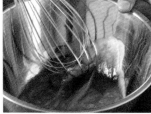

1

雞蛋稍微打發後，加入材料B攪拌均勻。

材料B
全部

2

倒入過篩的材料A，將麵糊攪拌至無粉狀態。

材料A
全部

3

加入已融化的巧克力，然後拌勻。

38%牛奶巧克力塊
40g

4

加入材料C、25g耐烤巧克力豆後拌勻。

材料C
全部

耐烤巧克力
25g

▋ 入模烘烤

5

麵糊均勻地倒入紙杯，輕敲模具讓麵糊更平整。

6

剩餘的15g耐烤巧克力豆，放在麵糊表面做裝飾。以200℃烘烤10分鐘後，溫度調至170℃，繼續烘烤10分鐘即可。

耐烤巧克力
15g

| 蛋糕 Cake |

MADELEINES

瑪德蓮貝殼蛋糕

烘焙重點｜了解獨特膨脹外型的原因
模　　具｜瑪德蓮蛋糕模

份　　量｜12個
保存期限｜室溫3天

材料 INGREDIENT

A ┌ 低筋麵粉	55g	玉米糖漿	10g
└ 泡打粉	2g	無鹽奶油	55g
		檸檬	1顆
白砂糖	50g		
鹽	0.5g		
雞蛋	50g		

事前準備 PREPARATION

1. 低溫食材會阻礙乳化形成，因此所有冷凍食材須預先存放至室溫。

2. 材料A混合過篩。

3. 融化無鹽奶油、檸檬皮刨成屑。 作法→ P.65

4. 模具薄塗一層室溫奶油，倒入高筋麵粉，左右搖晃鋪滿模具內部，再倒出多餘麵粉。

5. 烤箱預熱至220℃。

作法 METHODS

▋製作麵糊

1

雞蛋稍微打發後，加入白砂糖攪拌均勻。

雞蛋	白砂糖
50g	50g

2

加入玉米糖漿、鹽拌勻。

玉米糖漿	鹽
10g	0.5g

3

加入過篩的材料A、檸檬皮，將麵糊攪拌至無粉狀態。

材料A	檸檬
全部	1顆

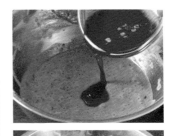

4

加入融化奶油，攪拌至質地滑順，接著以保鮮膜密封，冷藏至少1小時，烘烤前30分鐘，取出麵糊放至室溫。

無鹽奶油
55g

tips

若可冷藏至隔夜，讓麵糊有足夠的時間鬆弛，蛋糕質感會變得更濕潤鬆軟。

▋入模烘烤

5

麵糊填入擠花袋，均勻擠進模具，輕敲模具讓麵糊更平整。

作法→ P.36

6 以220℃烘烤2分鐘後，溫度調至170℃，繼續烘烤8分鐘即可。

蛋糕 Cake

EARL GREY MADELEINES

格雷伯爵茶瑪德蓮貝殼蛋糕

烘焙重點｜萃取茶味技巧
模　　具｜瑪德蓮蛋糕模

份　　量｜12個
保存期限｜室溫3天

材料 INGREDIENT

A ┌ 低筋麵粉　　　　　　70g
　└ 泡打粉　　　　　　　2g

B ┌ 格雷伯爵茶牛奶　　　35g
　└ 無鹽奶油　　　　　　55g

格雷伯爵茶包茶葉　　　　2g
雞蛋　　　　　　　　　　50g
白砂糖　　　　　　　　　50g
玉米糖漿　　　　　　　　10g
鹽　　　　　　　　　　　0.5g

▌格雷伯爵茶牛奶材料

格雷伯爵茶葉　　　　　　10g
牛奶　　　　　　　　　　100g

事前準備 PREPARATION

1. 模具薄塗一層室溫奶油，倒入高筋麵粉，左右搖晃鋪滿模具內部，再倒出多餘麵粉。

2. 低溫食材會阻礙乳化形成，因此所有冷凍食材須預先存放至室溫。

3. 材料A混合過篩。

4. 融化材料B的無鹽奶油。

5. 烤箱預熱至220℃。

作法 METHODS

▌製作格雷伯爵茶牛奶

1

牛奶煮沸後熄火，將伯爵茶葉倒入牛奶，加蓋浸泡約10分鐘。

> 牛奶
> 100g

> 格雷伯爵茶葉
> 10g

2

奶茶過隔篩濾掉茶葉即可。

▌製作麵糊

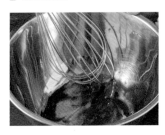

3

蛋液稍微打發後，加入白砂糖攪拌均勻。

> 雞蛋
> 50g

> 白砂糖
> 50g

3

4

加入玉米糖漿、鹽拌勻。

> 玉米糖漿
> 10g

> 鹽
> 0.5g

5

倒入過篩的材料A、格雷伯爵茶包茶葉，將麵糊攪拌至無粉狀態。

> 材料A
> 全部

> 格雷伯爵
> 茶包茶葉
> 2g

6

加入材料B，
攪拌至質地滑
順，接著以保
鮮膜密封，冷
藏至少1小時，
烘烤前30分
鐘，取出麵糊
放至室溫。

材料B
全部

tips

若可冷藏至隔夜，讓麵糊有足夠的時間鬆
弛，蛋糕質感會變得更濕潤鬆軟。

■ 入模烘烤

7

麵糊填入擠花
袋，均勻擠進模
具，輕敲模具讓
麵糊更平整。

作法→ P.36

8　以220℃烘烤2分鐘後，溫度調至
　　170℃，繼續烘烤8分鐘即可。

| 蛋糕 Cake |

FINANCIER
費南雪

烘焙重點｜製作焦化奶油

模　　具｜費南雪蛋糕模

份　　量｜8個

保存期限｜室溫3天

材料 INGREDIENT

A	糖粉	60g		蛋白	70g
	低筋麵粉	25g		杏仁粉	30g
				杏仁	25g
B	焦化奶油	60g			
	玉米糖漿	10g			

事前準備 PREPARATION

1. 因此所有冷凍食材須預先存放至室溫。

2. 模具薄塗一層室溫奶油，倒入高筋麵粉，
   左右搖晃鋪滿模具內部，再倒出多餘麵粉。

3. 材料A混合過篩。

4. 烤箱預熱至170℃。

5. 製作焦化奶油。 作法→ P.50

6. 杏仁壓碎後烤熟。

作法　METHODS

▌製作麵糊

1

材料A、杏仁粉倒入調理盆混合均勻。

材料A	杏仁粉
全部	30g

2

稍微打發蛋白。

蛋白
70g

3

加入蛋白、材料B，攪拌至質地滑順，接著以保鮮膜密封，冷藏至少1小時，烘烤前30分鐘，取出麵糊放至室溫。

材料B
全部

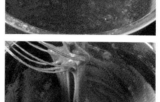

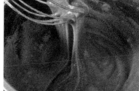

3

▌入模烘烤

4

麵糊填入擠花袋，均勻擠進模具，輕敲模具讓麵糊更平整，最後以杏仁碎片裝飾。

作法→ P.36

杏仁
25g

5 放入烤箱，以170℃烘烤15分鐘即可。

磅蛋糕
Q&A

Q1. 蛋糕為何使用糖粉？可以白砂糖取代嗎？

糖粉顆粒比白砂糖細，製作出來的蛋糕結構細緻，口感輕盈綿密；白砂糖顆粒較粗，製作出來的蛋糕結構較粗糙，口感厚實，烘焙時只要依個人喜歡的蛋糕成品質感，決定使用種類即可。

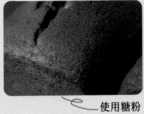 使用糖粉　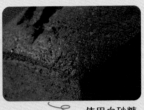 使用白砂糖

Q2. 磅蛋糕麵糊中各種材料的作用為何？

麵粉，蛋糕體的主體，烤箱溫度升高時，麵粉裡的麩質會與雞蛋裡的蛋白質產生反應，因此形成蛋糕。雞蛋所含的水份，在烤箱裡成為水蒸氣，可促使麵糊膨脹。奶油，油脂具有一定的含水量，白砂糖，具有吸濕性可留住蛋糕裡的水份，讓蛋糕變得濕潤且口感更為柔軟。

Q3. 磅蛋糕表面為什麼有裂紋？

常見的磅蛋糕模具大多是長且窄，遇上高溫時，來自麵糊的水蒸氣會先集中在表面然後向外排出，表面便因此膨脹而形成裂紋。由於自然形成的裂紋不規則且較難控制，可在中間先切一刀，或塗上融化奶油，藉此控制裂紋裂在預期位置。

Q4. 磅蛋糕烘烤時為何要在中途調整烤箱溫度？

因為要先以高溫烘烤，藉此得到最佳膨脹效果，當外型略為定型後，調降溫度可慢慢將內部烤熟，避免蛋糕烤焦。

Q5. 瑪德蓮蛋糕底部中間為何會凸起？

當麵糊進入烤箱，水份遇熱變成水蒸氣。由於瑪德蓮模具
形狀關係，水蒸氣會從麵糊四周傳達至較深的中間位置然
後排出，邊緣較淺處的麵糊最先定型，模具深處位置的麵
糊較慢熟，因此形成瑪德蓮外形獨特的凸起。除此之外，
麵糊加入泡打粉，釋出的氣體也會讓瑪德蓮底部中間膨脹
凸起。

而在烘烤時，使用不同材質的模具，所需的烘烤時間和溫度都不同，像矽膠或防黏塗層
傳熱比全金屬烤模慢。想讓瑪德蓮蛋糕完美膨脹凸起，針對不同材質模具要適度做調整。

Q6. 為什麼瑪德蓮蛋糕的麵糊要冷藏？

麵粉加水充分揉搓後產生麩質，然後形成具黏性、彈力的麵團，經過低溫冷藏，可阻止
麩質產生，麵糊因此才有足夠的時間鬆弛，做出來的蛋糕質感自然會濕潤鬆軟。

Q7. 瑪德蓮蛋糕麵糊冷藏後為什麼還要放回室溫？

瑪德蓮蛋糕麵糊奶油含量高，冷藏後會變得更濃稠，回溫後可均勻攪拌，讓麵糊恢復為
流質狀態，不只更容易擠出麵糊，氣泡可充分釋出，成品也變得更光滑且無毛細孔。

Q8. 蛋糕食譜裡有的用奶油，有的用沙拉油，兩者有何差別？

奶油香味濃郁，烘焙出來的成品，通常會散發濃濃奶油香；沙拉油輕盈且無味，想凸顯
蛋糕與其他配料的味道，或想讓整體口感更清爽，可以沙拉油代替奶油，像紅蘿蔔蛋
糕，適合清爽口感，選用沙拉油會是比較適合的選擇。

| 蛋糕 Cake |

SPONGE CAKE

海綿蛋糕

烘焙重點│全蛋海綿蛋糕麵糊基礎作法　　份　量│1個
模　　具│6吋活動式圓式蛋糕模　　保存期限│冷藏3-5天

材料 INGREDIENT

雞蛋	100g
白砂糖	60g
低筋麵粉	55g
無鹽奶油	15g
玉米糖漿	10g

事前準備 PREPARATION

1. 為了方便脫膜,蛋糕模具鋪上烘焙紙。
   作法→ P.35
2. 低筋麵粉過篩備用。
3. 低溫食材會阻礙乳化形成,因此雞蛋須預先存放至室溫。
4. 融化無鹽奶油後與玉米糖漿混合。
5. 烤箱預熱至180℃。

作法 METHODS

1

雞蛋打入調理盆後,加入白砂糖。電動攪拌器先以高速攪拌,再慢慢調整成中速、低速打發,打發至打蛋器舀起蛋糊呈緞帶狀。

雞蛋	白砂糖
100g	60g

tips

1. 如使用手動打蛋器,蛋糊需隔水加熱至約36℃令表面張力下降,令蛋糊更容易打發。
2. 蛋糊舀起落下交疊時,紋路清晰且不會立刻消失即算完成。

2

加入麵粉後，刮刀從調理盆底部舀起蛋糊，同時以逆時針方向九十度轉動調理盆。重複此翻拌方式拌勻蛋糊，直至麵粉完全融解沒有粉粒。

| 低筋麵粉 55g |

 tips

適度攪拌即可，過度攪拌會導致蛋糕裡的氣泡消泡。

3

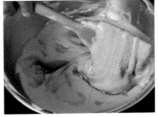

融化奶油與玉米糖漿，淋在刮刀上，讓液體慢慢流進蛋糊，以步驟2的翻拌方式拌至液體完全融解，看不見奶油液體為止。

| 無鹽奶油 15g |

| 玉米糖漿 10g |

tips

奶油裡的油脂會讓氣泡消失，因此加入奶油液體的蛋糊，勿過度攪拌或放置過久，以免導致蛋糕成品扁塌。

4

蛋糊快速倒入模具。

5

尾段的蛋糊，通常呈較深的黃色且略為消泡，建議倒在容易烤熟的模具邊緣，接著以刮刀打圈掃平蛋糊，讓蛋糊更為融合，剩下完全消泡的蛋糊則不要再使用。

tips

已消泡的蛋糊與奶油液體外觀相似，留意勿混淆。

6

以180℃烘烤20分鐘後，取出蛋糕輕敲桌面，確認蛋糕與模具已脫離。

7

取下模具、撕下側邊烘焙紙後，蛋糕倒立置於散熱架，撕去底部烘焙紙，置於室溫冷卻即可。

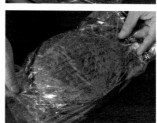

8

蛋糕冷卻後，包上保鮮膜冷藏一晚。

tips

冷藏後會讓蛋糕濕潤度更均勻。

CHOCOLATE SPONGE CAKE

巧克力海綿蛋糕

烘焙重點｜在全蛋海綿蛋糕麵糊加入不同材料
模　　具｜6吋活動式圓式蛋糕模

份　　量｜1個
保存期限｜冷藏3-5天

材料 INGREDIENT

雞蛋	150g
白砂糖	90g
低筋麵粉	70g
可可粉	20g
無鹽奶油	20g
玉米糖漿	15g

事前準備 PREPARATION

1. 低溫食材會阻礙乳化形成，因此雞蛋須預先存放至室溫。

2. 低筋麵粉及可可粉混合過篩備用。

3. 融化無鹽奶油後與玉米糖漿混合。

4. 為了方便脫模，蛋糕模具鋪上烘焙紙。
作法→ P.35

5. 烤箱預熱至180℃。

1

雞蛋打入調理盆後，加入白砂糖。

雞蛋	白砂糖
150g	90g

2

電動攪拌器先以高速攪拌，再慢慢調成中速、低速打發，打發至打蛋器舀起蛋糊呈緞帶狀。

3

加入混合過篩的麵粉、可可粉，刮刀從調理盆底部舀起蛋糊，同時以逆時針方向九十度轉動調理盆。重複此翻拌方式拌勻蛋糊，直至粉類材料完全融解，沒有粉粒。

低筋麵粉	可可粉
70g	20g

3

4

融化奶油與玉米糖漿，淋在刮刀上，讓液體慢慢流進蛋糊，以步驟3的翻拌方式拌至液體完全融解，看不見奶油液體為止。

無鹽奶油
20g

玉米糖漿
15g

tips

可可粉、奶油均含有會讓氣泡消失的油脂，因此勿過度攪拌或放置過久，導致蛋糕成品扁塌。

5

蛋糊快速倒入模具。

6

尾段的蛋糊多已略為消泡，建議倒在容易烤熟的模具邊緣，接著以刮刀打圈掃平蛋糊，剩下完全消泡的蛋糊則不要再使用。

7

以180℃烘烤20分鐘後，取出蛋糕輕敲桌面，確認蛋糕與模具已脫離。

8

取下模具、撕下側邊烘焙紙後，蛋糕倒立置於散熱架，撕去底部烘焙紙，置於室溫冷卻即可。

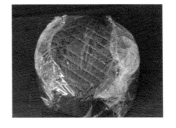

9

蛋糕冷卻後，包上保鮮膜冷藏一晚。

STRAWBERRY SPONGE CAKE

草莓蛋糕

烘焙重點｜裝飾蛋糕技巧
模　　具｜6吋活動式圓式蛋糕模

份　　量｜1個
保存期限｜冷藏3天

材料 INGREDIENT

海綿蛋糕	1個
草莓	14顆
30℃波美糖水 *	22g
橙酒	10g
果膠溶液	適量

▋ 內層香緹鮮奶油材料

鮮奶油	150g
白砂糖	15g

▋ 外層香緹鮮奶油材料

鮮奶油	120g
白砂糖	12g

事前準備 PREPARATION

1. 依照P.84作法製作海綿蛋糕。

2. *將200g的水和270g的白砂糖放入鍋中加熱，煮至白砂糖完全融化，糖漿由混濁變得透明，即是30℃波美糖水。糖漿放涼後放入密封容器保存。

3. 草莓洗乾淨。

作法 METHODS

■ 裝飾草莓蛋糕

1

利用蛋糕切片器協助，將蛋糕切成三片5mm厚的薄片，最上層與底部烤上色的部份不要。

> 海綿蛋糕
> 1個

2

以切模切去蛋糕外圍烤上色的地方。

3

切去蒂頭，草莓立直切成四等份，最外面的兩塊為塊狀，中間兩塊則為片狀。

> 草莓
> 14顆

4

混合30℃波美糖水與橙酒。

> 30℃波美糖水
> 22g

> 橙酒
> 10g

5

蛋糕片放在蛋糕轉盤上，刷上適量橙酒糖水。

6

內層香緹鮮奶油材料混合，打至七至八分發。

作法→ P.20

> 鮮奶油
> 150g

> 白砂糖
> 15g

7

蛋糕表面塗抹一層薄薄的內層香緹鮮奶油，再鋪上12塊草莓。

8

取適量內層香緹鮮奶油，直接抹在草莓上，約為可覆蓋住草莓的厚度。

9

重複步驟5-8，最後一塊蛋糕片塗抹橙酒糖水，疊在最上層。

10 外層香緹鮮奶油材料混合，打至六至七分發。 作法→ P.20

| 鮮奶油 120g | 白砂糖 12g |

11

整個蛋糕塗抹一層薄薄的外層香緹鮮奶油。

tips

外層先塗一層薄薄的外層香緹鮮奶油，是為了防止蛋糕碎屑與表面的鮮奶油融合。

12

取約八成的外層香緹鮮奶油，將香緹鮮奶油塗抹在蛋糕上，以抹刀把表面的鮮奶油抹平。

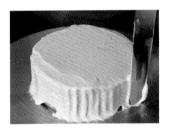

13

抹刀垂直緊貼蛋糕側面，左右輕輕按壓抹刀，同時轉動蛋糕轉盤，將香緹鮮奶油均勻抹在蛋糕外圍。

tips

每次抹完鮮奶油，要刮掉抹刀上多餘的鮮奶油，才能持續抹出平滑的表面。

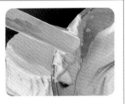

14

抹刀打平緊貼蛋糕底部，轉動蛋糕轉盤，刮掉底部外圍多餘的香緹鮮奶油。

15

轉動蛋糕轉盤，將外圍鮮奶油掃平，刮片上多餘的鮮奶油刮回調理盆。重複數次直至外圍完全平滑，再由外而內，將轉角處抹平整。

16

草莓片分三圈鋪滿蛋糕，最外圈約14片，第二圈約9片，第三圈約3片，在正中間，放一顆完整的草莓。

16

17

最後在草莓上
刷一層果膠溶
液即完成。

果膠溶液
適量

tips

塗抹果膠溶液可延長水果保存時間。

RAINBOW CAKE

彩虹蛋糕

烘焙重點｜以食用色素製作多色蛋糕體
模　　具｜6吋活動式圓式蛋糕模

份　　量｜3個
保存期限｜冷藏3天

材料 INGREDIENT

▌海綿蛋糕材料

雞蛋	100g 6份
白砂糖	60g 6份
低筋麵粉	55g 6份
無鹽奶油	15g 6份
玉米糖漿	10g 6份

30℃波美糖水	45g
橙酒	20g
食用色素	適量

▌內層香緹鮮奶油材料

鮮奶油	180g
白砂糖	18g

▌外層香緹鮮奶油材料

鮮奶油	120g
白砂糖	12g

事前準備 PREPARATION

1. 依照 P.93 作法製作30℃波美糖水。
2. 低溫食材會阻礙乳化形成，因此雞蛋須預先存放至室溫。
3. 低筋麵粉過篩備用。
4. 融化無鹽奶油。
5. 為了方便脫模，蛋糕模具鋪上烘焙紙。
   作法→ P.35
6. 烤箱預熱至180℃。

作法 METHODS

▌製作彩色海綿蛋糕

1 依照P.84步驟1打發雞蛋。

| 雞蛋 | 白砂糖 |
| 100g | 60g |

2 麵糊加入適量食用色素拌勻。

| 食用色素 |
| 適量 |

> **tips**
>
> 每次以一小滴為單位，不要一次加太多。如色素有限，可混合色素調成不同顏色，也可加入香料或香精，製作不同口味的蛋糕層。

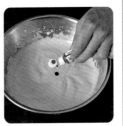

3 依照P.86步驟2-3製作海綿蛋糕麵糊。

| 低筋麵粉 | 無鹽奶油 | 玉米糖漿 |
| 55g | 15g | 10g |

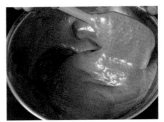

3

4 重複步驟1-3，分別製作出紅、橙、黃、綠、藍、紫的海綿蛋糕蛋糊。

> **tips**
>
> 可同時製作幾份蛋糊，不過蛋糊裡的氣泡會消失，所以不能放置過久，最好數人同時進行製作。

▌裝飾彩虹蛋糕

5

混合30℃波美糖水與橙酒。

| 30℃波美糖水 45g |
| 橙酒 20g |

6

蛋糕片放在蛋糕轉盤上，刷上適量橙酒糖水。

7

內層香緹鮮奶油材料混合，打至七至八分發，然後取適量鮮奶油抹平蛋糕表面。

| 鮮奶油 180g | 白砂糖 18g |

8

重複步驟6-7，直至疊完六層不同顏色的蛋糕。

8

9

外層香緹鮮奶油材料混合，打至六至七分發，然後整個蛋糕塗抹上一層薄薄的外層香緹鮮奶油。

| 鮮奶油 120g | 白砂糖 12g |

10

依照草莓蛋糕製作步驟12-15，刮掉多餘鮮奶油，將整個蛋糕表面抹平即可。

| 蛋糕 Cake |

BLACK FOREST CAKE

黑森林蛋糕

烘焙重點｜加入酒類材料提升蛋糕風味　　份　　量｜1個

模　　具｜6吋活動式圓式蛋糕模　　　保存期限｜冷藏3天

材料 INGREDIENT

巧克力海綿蛋糕	1個
罐頭/冷凍櫻桃	150g
櫻桃酒	30g
30℃波美糖水	30g
新鮮櫻桃	6顆
巧克力磚	1塊
糖粉	適量

▌香緹鮮奶油材料

鮮奶油	200g
白砂糖	20g
櫻桃酒	20g

事前準備 PREPARATION

1. 依照P.88作法製作巧克力海綿蛋糕。

2. 依照P.93作法製作30℃波美糖水。

3. 罐頭或冷凍櫻桃切半，加入15g櫻桃酒浸泡一晚。

4. 巧克力磚刨成絲備用。

作法 METHODS

▎裝飾黑森林蛋糕

1

海綿蛋糕切成
三片約1cm厚
的薄片,再以
切模切去三片
蛋糕外圍烤上
色的地方。

> 巧克力海綿蛋糕
> 1個

2

混合30℃糖漿
和15g櫻桃酒,
做成櫻桃酒
糖水。

> 30℃波美糖水
> 30g

> 櫻桃酒
> 15g

3

香緹鮮奶油材
料混合,打至
三至四分發時
加入櫻桃酒,
再持續打至七
至八分發。

> 鮮奶油　白砂糖　櫻桃酒
> 200g　20g　20g

3

4

蛋糕片放在蛋
糕轉盤上,刷
上適量櫻桃酒
糖水,取適量
香緹鮮奶油塗
抹蛋糕表層。

5

將已浸泡一晚櫻
桃酒的櫻桃分
三圈鋪滿蛋糕,
最外圈約9顆,
第二圈約4顆,
第三圈約1顆。

6

取適量香緹鮮奶油，直接抹在櫻桃上，約為可覆蓋櫻桃的厚度。

7

重複步驟4-6，然後蓋上最後一塊蛋糕片，刷上適量櫻桃酒糖水，並塗抹剩餘的鮮奶油。

8

巧克力絲均勻鋪在蛋糕上。

巧克力磚
1塊

9

加入新鮮櫻桃點綴，最後撒上適量糖粉即可。

新鮮櫻桃
6顆

糖粉
適量

MATCHA CHIFFON CAKE

抹茶戚風蛋糕

烘焙重點｜利用分蛋法製作戚風蛋糕
模　　具｜6吋戚風蛋糕模（不可使用不沾模具）

份　　量｜1個
保存期限｜室溫2天，冷藏3-5天

材料 INGREDIENT

	蛋黃	50g
A	白砂糖	40g
	鹽	0.5g
	蛋白	75g
B	白砂糖	40g
	低筋麵粉	50g
	抹茶粉	7g
	沙拉油	15g
	牛奶	40g

事前準備 PREPARATION

1. 低溫食材會阻礙乳化形成，因此雞蛋須預先存放至室溫。
2. 低筋麵粉和綠茶粉混合過篩備用。
3. 烤箱預熱至180℃。
4. 把雞蛋小心分成蛋黃和蛋白。

作法 METHODS

1

材料A混合後，打發直到呈現淡黃色，且打蛋器舀起蛋黃糊，紋路清晰不會立即消失。

材料A
全部

2

加入牛奶輕輕拌勻,接著加入已混合過篩的麵粉、抹茶粉,拌勻至沒有粉粒,做成抹茶蛋黃糊。

牛奶 40g	低筋麵粉 50g
抹茶粉 7g	

3

蛋白以低速稍微打散後,調至中高速打發,分三次加入材料B的白砂糖,打發約八至九分發,此時蛋白霜堅挺有光澤,打蛋器舀起蛋白尾端會有小勾勾。

材料B 全部

4

抹茶蛋黃糊倒入蛋白霜混合,刮刀直立在中間切幾下,再從調理盆底部舀起蛋糊,同時以逆時針方向九十度轉動調理盆,重複此翻拌方式拌勻蛋糊。

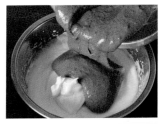

5

植物油淋在刮刀上,讓液體慢慢流進蛋糊,以步驟4的翻拌方式拌勻。

沙拉油 15g

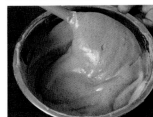

6

蛋糊倒入模具，在桌面輕敲幾下，消除較大的氣泡，以180℃烘烤22分鐘。

tips

1.擦去模具邊的蛋糊，以免影響蛋糕膨脹效果。

2.進烤箱前若沒有輕敲桌面，蛋糊氣泡會在烘烤完後形成孔洞。

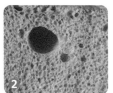

7

從烤箱取出，模具倒扣在散熱架上直至完全冷卻。

tips

戚風靠的是蛋白膨脹的力量，因此組織鬆軟，如不倒扣會回縮。

8

以蛋糕脫模刮刀沿著模具邊緣及底部刮一圈脫模。

9

輕掃蛋糕表面去除碎屑，讓蛋糕成品更為美觀。

| 蛋糕 Cake |

LADYFINGERS

手指餅乾

烘焙重點｜分蛋海綿蛋糕麵糊基本運用　　　　**份　　量**｜約20-21條
保存期限｜密封保存室溫3-5天

....

材料 INGREDIENT

A ⎡ 蛋黃　　　　　　　　　40g
　⎣ 白砂糖　　　　　　　　30g

B ⎡ 蛋白　　　　　　　　　60g
　⎣ 白砂糖　　　　　　　　30g

低筋麵粉　　　　　　　　　55g
糖粉　　　　　　　　　　　適量

事前準備 PREPARATION

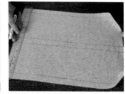

1. 根據手指餅乾長度，在烘培紙畫四條平行線作框線，反轉放在烤盤裡。
2. 低溫食材會阻礙乳化形成，因此雞蛋須預先存放至室溫。
3. 低筋麵粉過篩備用。
4. 烤箱預熱至180℃。
5. 把雞蛋小心分成蛋黃和蛋白。

作法 METHODS

1

材料A放入調理盆，打發至呈現淡黃色，且打蛋器舀起蛋黃糊，紋路清晰不會立即消失。

材料A
全部

作法 METHODS

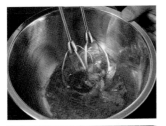

2

蛋白以低速稍微打散後，調至中高速打發，分三次加入材料B的白砂糖打至約八至九分發，此時蛋白霜堅挺有光澤，打蛋器舀起蛋白尾端會有小勾勾。

材料B
全部

3

蛋黃糊加入蛋白霜混合，刮刀直立在中間切幾下，再從調理盆底部舀起蛋糊，同時以逆時針方向九十度轉動調理盆，接著重複此翻拌方式拌勻蛋糊。

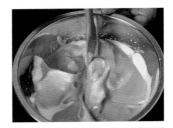

3

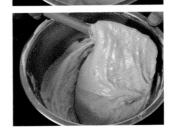

4

加入過篩低筋麵粉，並以步驟3的翻拌方式拌均，直至沒有粉粒。

低筋麵粉
55g

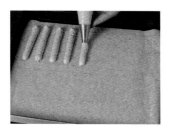

5

麵糊填入擠花袋,使用直徑12mm圓形擠花嘴,穩定且垂直地將麵糊擠在框線上,每條長度約12cm。

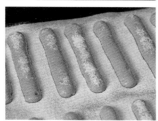

6

輕篩上糖粉,靜待5分鐘,讓麵糊吸收糖粉。

糖粉
適量

tips

撒下的糖粉會形成一層膜,阻絕麵糊裡的水份蒸發,膨脹效果會更好,也讓餅乾口感外酥內鬆。

7

均勻撒上第二層糖粉。

糖粉
適量

8

以180℃烘烤10-20分鐘後,取出手指餅乾,拍去多餘糖粉即可。

tips

拍掉的多餘糖粉可重複使用。

TIRAMISU

提拉米蘇

烘焙重點｜運用手指餅乾製成的甜點

模　　具｜22cm×16cm（器皿）

份　　量｜2-3件

保存期限｜冷藏 3天

材料 INGREDIENT

A	蛋黃	60g
	白砂糖	50g
	鹽	1/16 tsp
	馬斯卡彭起司	180g
	蛋白	90g
	白砂糖	100g
	水	30g
	手指餅乾	18條
	即溶咖啡粉	6g
	熱水	120g
	蘭姆酒	20g
	可可粉	1tsp

事前準備 PREPARATION

1. 依照P.110作法製作手指餅乾。

2. 即溶咖啡粉加熱水泡成熱咖啡，放涼備用。

3. 低溫食材會阻礙乳化形成，因此雞蛋須預先存放至室溫。

4. 把雞蛋小心分成蛋黃和蛋白。

1

材料A放入調理盆，打發至呈現淡黃色。

材料A
全部

2

隔水加熱蛋黃糊，煮至稍微濃稠即可。

tips

由於提拉米蘇沒有烹調程序，因此利用隔水加熱，消除可能存在蛋黃裡的細菌，但注意不要過熱、煮過久，以免蛋黃凝固。

3

加入馬斯卡彭起司，拌至均勻順滑。

馬斯卡彭起司
180g

4

分次加入30g白砂糖打發蛋白至約五、六分發，氣泡開始變少，但仍是液體狀態，勾勾會向下垂。

蛋白
90g | 白砂糖
30g

5

剩下的70g白砂糖加水，加熱煮至120度。

白砂糖
70g | 水
30g

6

糖水加入蛋白，轉高速繼續打發至尾端勾勾有光澤。

7

蛋黃糊加入蛋白霜混合,刮刀直立在中間切幾下,再從調理盆底部舀起蛋糕,同時以逆時針方向九十度轉動調理盆,接著重複此翻拌方式拌勻蛋糕。

8

放涼的咖啡加入蘭姆酒。

咖啡	蘭姆酒
120g	20g

tips

熱咖啡不能加入蘭姆酒,酒精香味會揮發掉。

9

手指餅乾兩面分別浸泡咖啡約三秒。

手指餅乾
18條

10

取適量起司餡倒入模具,並稍為抹平。鋪上浸泡過的手指餅乾,以適量起司餡抹平,重複步驟,直至鋪滿模具。

11

以保鮮膜密封,冷藏至少4小時,若能放置一晚味道會更香濃。

12

最後撒上薄薄一層可可粉即可。

可可粉
1tsp

tips

冷藏完再撒可可粉,以免可可粉在冷藏過程中,因受潮變濕、顏色變深。

蛋糕 Cake

CAKE ROLL

生乳捲

烘焙重點｜製作蛋糕捲的基本技巧和捲法　　　份　　量｜1條
模　　具｜自製模具（22cm×22cm）　　　保存期限｜室溫2天，冷藏3-5天

材料 INGREDIENT

▋ 蛋糕材料

A ⎡ 蛋黃　　　　　　　　　80g
　 ⎣ 白砂糖　　　　　　　　10g

B ⎡ 蛋白　　　　　　　　　120g
　 ⎣ 白砂糖　　　　　　　　50g

低筋麵粉　　　　　　　　　65g
牛奶　　　　　　　　　　　50g
玉米糖漿　　　　　　　　　30g
沙拉油　　　　　　　　　　20g

▋ 香緹鮮奶油材料

鮮奶油　　　　　　　　　　200g
煉乳　　　　　　　　　　　15g
白砂糖　　　　　　　　　　10g
吉利丁塊　　　　　　　　　15g

事前準備 PREPARATION

1. 依照P.37作法製作吉利丁塊。
2. 低筋麵粉過篩備用。
3. 低溫食材會阻礙乳化形成，因此雞蛋須預先存放至室溫。
4. 烤箱預熱至190℃。
5. 根據蛋糕模具大小鋪上烘焙紙。
6. 把雞蛋小心分成蛋黃和蛋白。

作法 METHODS

1

材料A放入調理盆，打發至呈現淡黃色的蛋黃糊。

材料A
全部

作法 METHODS

2

蛋白以低速稍
微打散後,調
至中高速打
發,分三次加
入材料B的白砂
糖打至約八至
九分發,此時
蛋白霜堅挺有
光澤,打蛋器
舀起蛋白尾端
會有小勾勾。

材料B
全部

3

3

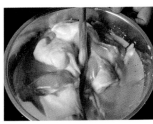

蛋黃糊加入蛋
白霜混合,刮
刀直立在中間
切幾下,再從
調理盆底部舀
起蛋糊,同時
以逆時針方向
九十度轉動調
理盆,接著重
複此翻拌方式
拌勻蛋糊。

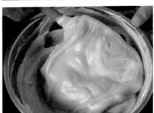

4

加入過篩低筋
麵粉,並以步
驟3的翻拌方式
拌均,直至沒
有粉粒。

低筋麵粉
65g

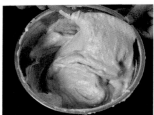

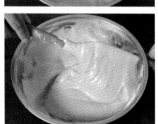

5

牛奶、玉米糖漿及沙拉油，淋在刮刀上，讓液體慢慢流進蛋糊，並持續輕拌直至液體完全融合。

牛奶	玉米糖漿
50g	30g

沙拉油
20g

6

蛋糕模具放到烤盤上，將麵糊倒入模具。以刮刀抹平表面，輕敲數下讓麵糊平整並排去空氣。

tips

如沒有合適模具，可用比較厚的卡紙依食譜尺寸自製模具：

1. 準備2張A4尺寸的卡紙，預留每邊約4cm，依需要尺寸折出底部大小。
2. 將底部及四角釘起來形成模具。
3. 四邊裹上鋁箔紙，阻隔紙造模具與水接觸。

7

烤盤裡加水，份量約可鋪勻烤盤即可。

tips

注水後模具受熱會更平均，可防止烘烤過程中過度加熱而讓成品表面裂開、烤上色，也可緩和成品因受熱過快產生外熟內生的狀況，此方式也可稱為水浴法。

8 以180℃烘烤12分鐘後，烤盤轉180度，再以160℃烘烤10分鐘。

9

桌上鋪上烘焙紙，把蛋糕反轉放置，撕開蛋糕上的烘焙紙散熱，然後再輕蓋在蛋糕上，直至蛋糕完全冷卻。

■ 製作香緹鮮奶油

10

隔水溶解吉利丁塊。

| 吉利丁塊 |
| 15g |

11

鮮奶油加入煉乳、白砂糖及吉利丁液體後，快速攪拌均勻。

| 白砂糖 10g | 煉乳 15g |

| 鮮奶油 200g |

tips

1.擦乾融解完吉利丁塊的碗底，防止水滴入鮮奶油影響打發。

2.吉利丁液體加入後要馬上攪拌，否則會結塊。

12

所有材料混合後，打至七、八分發。

▌製作生乳捲

13

蛋糕兩邊以斜15度左右切邊。

14

取適量鮮奶油抹在蛋糕前端，烘焙紙慢慢捲起，最後以擀麵棍固定。

15

包上保鮮膜，放入冰箱冷藏，食用前切片即可。

海綿蛋糕

Q&A

Q1. 海綿蛋糕麵糊中各種材料的作用？

雞蛋：打發完全的雞蛋充滿空氣，在烤箱裡會遇熱膨脹；另外，雞蛋裡含的水份，會在烤箱裡成為水蒸氣，促使麵糊膨脹。

麵粉：麵粉裡的澱粉在吸收雞蛋的水份後，遇熱產生糊化作用，支撐整個蛋糕形成柔軟而具有彈力的蛋糕。

白砂糖：砂糖具吸濕力，雞蛋裡的水份被砂糖吸收後，讓氣泡更安定、不易被破壞，亦能加強水份保存，減緩澱粉老化，讓蛋糕口感變得濕潤且柔軟。

Q2. 全蛋打發與分蛋打發的海綿蛋糕有什麼不同？

這兩種製作海綿蛋糕的方法，皆有人使用。全蛋顧名思義是打發整顆雞蛋，分蛋則是各自打發蛋黃和蛋白後再混合兩者。全蛋打發的蛋糊流動性較高，烘烤出

全蛋

分蛋

來的蛋糕綿密濕潤、具彈性，但打發時間較久，且容易因操作時間過長而消泡。分蛋法因以打發蛋白為主，只要打發蛋白至挺立有光澤，不易失敗，混合後的蛋糊流動性較低，烘烤出來的蛋糕沒有全蛋法柔軟，但兩種方法都能製作出具彈性的蛋糕。

Q3. 為什麼使用手動打蛋器打發要將蛋糊隔水加熱？

雞蛋打發時，蛋黃裡的油脂會讓蛋液不易打發，隔水加熱可減少雞蛋表面張力，增加其流動性，蛋糊因而較易打發，但隔水加熱至約36℃便可停止，溫度過高，氣泡變大，蛋糕體積會過度膨脹，不夠綿密細緻，且溫度過高，也會煮熟蛋液。使用電動打蛋器，只要把雞蛋放至室溫，都能輕易打發。

Q4. 如何判斷雞蛋完成打發？

蛋糕會由深黃色變成淡黃色，氣泡細緻而均勻，打蛋器舀起蛋糊時，當蛋糊呈緞帶折疊狀，且不會立即消失即代表完成打發。

Q5. 為什麼出爐的蛋糕要輕敲桌面並倒扣冷卻？

蛋糕出爐後輕敲桌面的撞擊力，可釋出蛋糕裡的水蒸氣，避免水氣留在蛋糕裡，導致蛋糕凹陷、縮小。模具愈深水氣愈難排出，所以出爐後要輕敲桌面。相反地，模具面積大而薄可省略此步驟。大而輕的氣泡會往上升，而蛋糕下層的氣泡通常比較小，若不將蛋糕倒扣，下層氣泡會被擠壓得更小，導致蛋糕紋理變得不平均。

反轉放涼　　沒有反轉放涼

Q6. 全蛋蛋糊打發時，加入麵粉、奶油後，應攪拌到什麼程度？

以切拌方法拌勻蛋糊，直至看不見粉粒和奶油，接著再拌數下確保麵粉完全融解即可停止，過度攪拌蛋糊會讓氣泡消失影響蛋糕膨脹。

正常攪拌　　過度攪拌

Q7. 為何略為消泡的蛋糊要倒在模具邊緣位置？

略為消泡的蛋糊比較濃稠因此不易烤熟，最好倒在模具邊緣這種比較容易烤熟的位置，然後再用刮刀輕輕打圈掃平蛋糕，才不會讓蛋糕表面扁塌或凹凸不平。

Q&A

Q8. 電動攪拌器為什麼要依序,從高速→中速→低速打發雞蛋?

愈高速攪拌雞蛋,打發出來的氣泡就愈大,體積雖大但安定性變差,因為大的氣泡在重複攪拌下容易受損;相反地,低速攪拌雞蛋,雖然氣泡較小,卻不易將空氣打進去。蛋糊氣泡量多,體積小而均勻才能烤出柔軟綿密,氣泡一致的海綿蛋糕。因此,一開始以高速製造大量氣泡,然後轉中速讓氣泡變小,當蛋糊呈現淡黃色綿密狀態時再轉低速,便可打出均勻且細緻的氣泡。

高速,氣泡較大

高速→中速→低速,氣泡較細緻

Q9. 草莓蛋糕或彩虹蛋糕的鮮奶油,為什麼要分內層與外層兩次打發?

內層鮮奶油打發程度為七至八分,外層鮮奶油則只需打發至六、七分即可,蛋糕表層若使用內層鮮奶油,可能會因重複塗抹產生結塊表面出現不光滑的孔洞,分兩次打發,可確保鮮奶油滑順。

Q10. 全蛋打發與分蛋打發的混拌方法有什麼不同?

全蛋打發的麵糊流動性高,刮刀從調理盆底部舀起蛋糕,同時轉動調理盆,再做翻拌便能將蛋糊拌均;分蛋打發的麵糊流動性低,氣泡不會自然滑動,因此刮刀直立在中間切幾下,再從調理盆底部舀起蛋糕,讓材料更易於拌入蛋糕。

全蛋打發麵糊流動性高較易拌勻

分蛋打發的麵糊流動性低較難拌勻

Q11. 為什麼製作戚風蛋糕不能用不沾模具，或鋪烘焙紙、抹油撒粉？

戚風蛋糕以模具為支撐而膨脹成一定高度，因此不能使用不沾模具、烘焙紙或抹油、撒粉，這樣會讓蛋糕因缺乏支撐而扁塌。

Q12. 製作全蛋蛋糊加入玉米糖漿的作用？

玉米糖漿能增強蛋糕保水性，成品口感會更濕潤。

Q13. 生乳捲蛋糕體放涼時，為什麼底部和表面都要鋪烘焙紙？

烘焙紙的防沾材質可保持濕度，防止蛋糕表面濕黏破皮，而且蛋糕體若不夠濕潤，捲起時表面很容易裂開。

Q14. 為什麼有些蛋糕食譜會加牛奶？

加入牛奶可藉此增加水份讓蛋糕口感更濕潤，增添蛋糕風味，並讓烘烤後的紋理更加細緻、口感更綿密。

Q15. 如果覺得蛋糕太甜，可以減少糖的份量嗎？

白砂糖除了增加甜度，亦有讓蛋糕膨脹、增添柔軟濕潤口感作用。因此，砂糖份量須維持一定比例，減少砂糖可能影響膨脹效果且讓口感變差。

CHOCOLATE CHEESECAKE

大理石起司蛋糕

烘焙重點｜以低溫烘焙起司蛋糕的原因
模　　具｜6吋活動式圓式蛋糕模

份　　量｜1個
保存期限｜冷藏7天

....

材料 INGREDIENT

A ⌈ 可可粉　　　　　　10g
　⌊ 牛奶　　　　　　　15g

消化餅乾　　　　　　5塊
無鹽奶油　　　　　　55g
奶油起司　　　　　　450g
白砂糖　　　　　　　80g
鹽　　　　　　　　　0.5g
雞蛋　　　　　　　　50g
牛奶　　　　　　　　50g

事前準備 PREPARATION

1. 由於活動式模具底部可拆卸，太稀的麵糊或須注水烘烤，要在模具外包覆一層鋁箔紙防止進水。

2. 融化30g無鹽奶油。

3. 奶油起司置於室溫放軟。

4. 可可粉過篩備用。

5. 烤箱預熱至150℃。

作法 METHODS

▍製作餅乾底

1

餅乾捏碎，放入食物調理機攪碎。

> 消化餅乾
> 5塊

2

加入25g奶油持續打碎至奶油與餅乾屑混勻。

> 無鹽奶油
> 25g

tips

可放入密封袋擀碎餅碎，與融化奶油拌勻代替以上步驟。

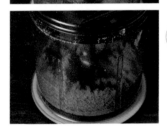

3

餅乾屑倒進模具，以湯匙或手鋪平壓實。

tips

以往中間打圈掃平方式，將邊緣處確實鋪平。

4

置於冰箱冷藏備用。

▍製作起司蛋糕體

5

奶油起司、白砂糖、鹽放入調理盆，以電動打蛋器打軟。

> 奶油起司
> 450g

> 白砂糖
> 80g

> 鹽
> 0.5g

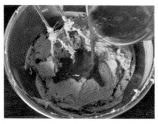

6

依序加入蛋液、牛奶、融化奶油，每種材料加入後，都要稍微拌勻。

| 雞蛋 50g | 牛奶 50g |
| 無鹽奶油 30g | |

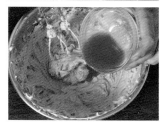

7

取約50g蛋糕糊，加入材料A拌勻成巧克力蛋糕糊。

| 材料A 全部 |

8

擠花袋填入15g巧克力蛋糕糊，搭配使用直徑5mm圓形擠花嘴。

9

剩下約45g巧克力蛋糕糊，拌入原味蛋糕糊，輕輕攪拌幾下就好。

> tips
>
> 攪拌次數太多，層次會不明顯，所以只要攪拌幾次即可。

作法 METHODS

10

蛋糕糊倒入模具，輕輕抹平表面，然後將巧克力蛋糕糊擠在蛋糕糊上。

11

以牙籤在蛋糕糊表面劃出花紋。

12

搖晃輕敲模具，排出多餘空氣。

13

烤盤裡加水，以150℃烘烤20分鐘後，蛋糕旋轉180度繼續烘烤20分鐘。

 tips

採低溫長時間烘焙，可防止表面上色，讓花紋更明顯。

14

待稍微冷卻後，以保鮮膜密封，冷藏至少4小時。

▌脫模

15

以噴槍稍微炙燒一下模具外圍。

tips

不可燒太久，以免起司過熱融化，可以吹風機或熱毛巾代替噴槍。

16

蛋糕輕輕往上推，抹刀緊貼底部橫切即可脫模。

烘焙重點｜基礎烘焙式起司蛋糕製作
模　　具｜6吋活動式圓式蛋糕模

份　　量｜1個
保存期限｜冷藏7天

....

材料 INGREDIENT

A ┌	消化餅乾	5塊
└	無鹽奶油	25g
	奶油起司	450g
	白砂糖	85g
	鹽	0.5g
	雞蛋	50g
	無鹽奶油	30g
	牛奶	50g
	酸奶油	30g

事前準備 PREPARATION

1. 活動式的模具底部可拆卸，太稀的麵糊或須注水烘烤，要在模具外包覆一層鋁箔紙防止進水。

2. 融化30g無鹽奶油。

3. 奶油起司置於室溫放軟。

4. 烤箱預熱至170℃。

作法 METHODS

▌製作餅乾底

1

依照P.130步
驟1-4製作餅
乾底。

材料A
全部

▌製作起司蛋糕體

2

奶油起司、80g
白砂糖、鹽放入
調理盆,以電動
打蛋器打軟。

奶油起司
450g

白砂糖
80g

鹽
0.5g

3

依序加入蛋液、
牛奶、融化奶
油,每種材料
加入後,都要
先稍微拌勻。

雞蛋
50g

牛奶
50g

無鹽奶油
30g

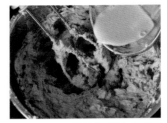

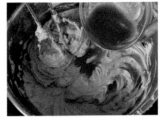

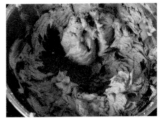

3

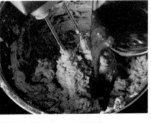

4

確實拌勻後,蛋
糕糊倒入模具,
然後抹平。

5

搖晃輕敲模具，排出多餘空氣。

6

烤盤裡加水，以170℃烘烤10分鐘後，蛋糕旋轉180度，繼續烘烤10分鐘；接著再把溫度降至150℃烘烤20分鐘。

7 稍微冷卻後，以保鮮膜密封，冷藏至少4小時。

▍脫模

8

依照P.132步驟15-16脫模即可。

9

5g白砂糖加入酸奶油拌勻，輕輕塗抹在蛋糕表層即可。

酸奶油	白砂糖
30g	5g

tips

蛋糕體與餅乾底質感不同，力道不夠就會切得不漂亮，建議可先冷凍蛋糕再放在室溫回軟，就能切出完整的蛋糕。

烘焙重點｜利用吉利丁製作免烤生乳酪蛋糕

模　　具｜6吋活動式圓式蛋糕模

份　　量｜1個

保存期限｜冷藏3天

材料 INGREDIENT

| A | 消化餅乾 | 5塊 |
| | 無鹽奶油 | 25g |

| B | 奶油起司 | 250g |
| | 白砂糖 | 40g |

| C | 鮮奶油 | 150g |
| | 白砂糖 | 20g |

牛奶	50g
藍莓果醬	80g
吉利丁塊　或	50g
吉利丁片	8g

事前準備 PREPARATION

1. 依照P.37作法製作吉利丁塊，使用前隔水加熱溶融化成液體。
2. 依照P.54作法製作藍莓果醬。

作法 METHODS

▌製作餅乾底

1

依照 P.130 步驟 1-4 製作餅乾底。

材料A
全部

▌製作起司蛋糕體

2

材料B放入調理盆，以電動打蛋器打軟。

材料B
全部

3

依序加入藍莓果醬、牛奶，每種材料加入後，都要稍微拌勻。

藍莓果醬 80g ｜ 牛奶 50g

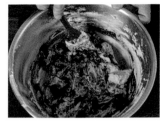

3

tips

可採用不同口味果醬或果泥製作，使用偏液態的果泥，可減少牛奶用量，或增加吉利丁用量。

4

混合材料C，打至約六分發呈濃稠狀，拿起時奶油霜尖端會下垂。

材料C
全部

5

蛋糕糊加入吉利丁液體，為防止吉利丁凝固，須立即拌勻。

吉利丁塊
50g

6

蛋糕糊加入鮮奶油霜拌勻。

7

蛋糕糊倒入模具，抹平表面，搖晃輕敲模具，藉此排出多餘空氣。

8

以保鮮膜密封，冷藏至少4小時直至凝固。

9

依照P.132步驟15-16脫模即可。

tips

生乳酪蛋糕是藉由吉利丁凝固，脫模後若外觀不平整，可以泡過熱水的抹刀抹平表面。

PUFF

泡芙

最早出現在16-17世紀的經典甜點，內部呈孔洞是泡芙一大特點。泡芙麵糊主要材料為雞蛋、麵粉、奶油和水，一般麵團是在烘焙時產生糊化作用，泡芙麵糊則在烘焙前便將麵糊煮熟使其充分糊化，在麵糊裡的水份變成水蒸氣，具彈性的麵糊因此大幅膨脹，形成孔洞。不同的口味及形狀的外皮配搭不同的奶油內餡，演變出不同類型的泡芙。

| 泡芙 Puff |

CREAM PUFFS

鮮奶油泡芙

烘焙重點｜基礎鮮奶油泡芙製作

保存期限｜外皮冷藏保存5天，內餡冷藏保存5天

材料 INGREDIENT

	水	110g
A	無鹽奶油	50g
	鹽	1g
	白砂糖	5g
中筋麵粉		60g
雞蛋		120g
卡士達醬		1份
塗抹用蛋液		少許

份　量｜8個（約Ø7cm大小）

事前準備 PREPARATION

1. 依照P.42作法製作卡士達醬。

2. 依照P.56作法製作塗抹用蛋液。

3. 低溫食材會阻礙乳化形成，因此所有冷凍食材須預先存放至室溫。

4. 所有粉類過篩。

3. 烤箱預熱至200℃。

作法 METHODS

■ 製作泡芙麵糊

1

材料A以中至大火加熱至沸騰。

> 材料A
> 全部

2

一口氣加入麵粉並持續攪拌，麵糊成團後壓平，讓麵糊均勻受熱，待溫度超過80度，鍋底產生一層薄膜，即可關火。

> 中筋麵粉
> 60g

tips

為了讓麵團裡的麵粉完全糊化，將麵粉加入沸騰的熱水裡攪拌，是最有效率的做法。

3

全部蛋液以2-3次，分次加入麵糊。每次加入蛋液，須先和麵糊攪拌均勻後再加入蛋液。重複此動作，直至將麵糊攪拌至滑順狀態。

> 雞蛋
> 120g

tips

一次加入蛋液，麵糊會因為無法快速吸收，而變得濃稠難以拌勻，乳化作用無法完成。分次加入可讓乳化作用更明顯，當麵糊由塊狀吸收成糊狀即可加入第二次蛋液。以此類推，直至加入全部蛋液，攪拌至滑順狀態即可停止，以免麵團變硬，影響膨脹效果。

■ 製作泡芙

4

取直徑約5.5cm切模沾少許麵粉，在網格矽膠墊壓出印痕。

5

麵糊填入擠花袋，使用直徑約12mm圓形擠花嘴，並將擠花嘴懸在約10mm距離處，依印痕大小擠出麵糊。

6

麵糊刷上塗抹用蛋液，噴上少許水，以200℃烘烤15分鐘後，溫度調至180℃繼續烘烤30-35分鐘即可。

7

泡芙放置散熱架，待冷卻後在外皮側面戳一個小洞。

8

擠花袋填入回軟卡士達醬，使用直徑6-8mm圓型擠花嘴，從泡芙外皮小洞擠入50g卡士達醬即可。

tips

以叉子按壓麵糊，可阻止麵糊過度膨脹，成品形狀比較整齊勻稱、高度一致；沒按壓，易受麵糊質地、擠花技巧，導致烘烤時不規則膨脹，影響成品形狀。

| 泡芙 Puff |

CRUMBLE SKIN PUFFS

脆皮泡芙

烘焙重點｜製作泡芙脆皮外層　　　　　　　份　　量｜8個（約Ø7cm大小）

保存期限｜外皮冷藏保存5天，內餡冷藏保存3天

材料 INGREDIENT

▌ 泡芙脆皮材料

無鹽奶油	35g
白砂糖	45g
中筋麵粉	45g

▌ 鮮奶油卡士達醬材料

卡士達醬	1份
鮮奶油	200g
白砂糖	20g
泡芙麵糊	1份
塗抹用蛋液	少許

事前準備 PREPARATION

1. 依照P.146步驟1-3製作泡芙麵糊。

2. 低溫食材會阻礙乳化形成，因此所有冷凍食材須預先存放至室溫。

3. 所有粉類過篩。

4. 烤箱預熱至180℃。

作法 METHODS

▎製作脆皮

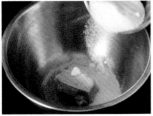

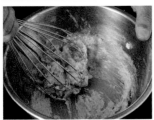

1

奶油、白砂糖
放入調理盆混
勻,打發至呈
乳白色。

無鹽奶油
35g

白砂糖
45g

2

加入麵粉拌勻。

中筋麵粉
45g

3

鋪上保鮮膜
後,把麵團放
至檯面,在麵
團上覆蓋一層
保鮮膜,以擀
麵棍擀至約
2mm厚,完成
後冷藏備用。

▎製作泡芙

4 依照P.147步驟4-6製作麵糊。

泡芙麵糊
1份

塗抹用蛋液
少許

5

取出脆皮麵
團,置於室溫
變軟後,以直
徑約5.5mm切
模壓成圓片,
並將圓片放在
泡芙麵糊上。

tips

脆皮過軟不易蓋住泡
芙麵糊，可先冷藏再
取出使用。脆皮麵團
擀得不夠薄，放在麵
團上的脆皮過厚、過
重，會讓麵團無法膨
脹完全，成品因此變得扁塌。

×　○

6 放入烤箱，以180℃烘烤45-50分鐘。

製作鮮奶油卡士達醬

7

鮮奶油加入白
砂糖，依照
P.45作法打發
鮮奶油。

鮮奶油　白砂糖
200g　20g

8

卡士達醬攪拌回
軟，加入打發的
鮮奶油，以刮刀
拌勻即可。

卡士達醬
1份

8

9

泡芙冷卻後在
側面戳洞，
使用直徑約
6-8mm圓形
擠花嘴，從小
洞填入鮮奶油
卡士達醬即
完成。

CHOCOLATE ÉCLAIRS

巧克力閃電泡芙

烘焙重點｜製作泡芙淋醬，了解表面紋路與膨脹關係　　份　　量｜10條（約13cm長）

保存期限｜外皮冷藏保存5天，內餡冷藏保存3天

....

材料 INGREDIENT

▌泡芙材料

泡芙麵糊	1份
塗抹用蛋液	少許

▌巧克力卡士達醬材料

70%黑巧克力	50g
卡士達醬	200g
無鹽奶油	10g

▌巧克力淋醬材料

鮮奶油	150g
白砂糖	90g
可可粉	30g
吉利丁片	7.5g

事前準備 PREPARATION

1. 依照P.146步驟1-3製作泡芙麵糊。

2. 低溫食材會阻礙乳化形成，因此所有冷凍食材須預先存放至室溫。

3. 所有粉類過篩。

4. 烤箱預熱至180℃。

作法 METHODS

▌製作巧克力淋醬

1

吉利丁片放入冷水泡軟備用。

吉利丁片
7.5g

tips

吉利丁片會因水溫過高融化,浸泡時須注意水溫,若有必要可加入冰塊降溫。

2

白砂糖、鮮奶油倒入鍋中,以中火煮沸。

白砂糖	鮮奶油
90g	150g

3

加入可可粉拌匀,中火轉小火略煮1分鐘。

可可粉
30g

3

4

加入泡軟的吉利丁片,攪拌均匀。

吉利丁片
7.5g

tips

若有凝固,可略為攪拌讓醬料維持滑順質感。但注意不要過度攪拌,避免產生氣泡。

5

巧克力淋醬過篩備用。

tips

巧克力淋醬在室溫下會慢慢凝固,只要隔水加熱至微溫即可恢復。

▊ 製作巧克力閃電泡芙

6

約12cm的刮板沾少許麵粉，在網格矽膠墊壓出印痕。

7

擠花袋填入麵糊，搭配直徑約10mm十四角星形擠花嘴，依印痕擠出長條麵糊。

泡芙麵糊
1份

8

麵糊刷上塗抹用蛋液，噴上少許水後放入烤箱，以180℃烘烤40-45分鐘。

塗抹用蛋液
少許

9

卡士達醬加入70%黑巧克力塊、奶油，攪拌至融化，即完成巧克力卡士達醬。

70%黑巧克力 50g	卡士達醬 200g	無鹽奶油 10g

10

泡芙置於散熱架冷卻，待冷卻後在底部戳洞，接著使用直徑6-8mm圓形擠花嘴，從小洞填入約25g巧克力卡士達醬。

11

泡芙正面朝下沾浸巧克力淋醬，左右搖晃，並用手指甩掉或抹去多餘巧克力淋醬，然後將泡芙放涼等待凝固做裝飾即可。

| 泡芙 Puff |

PARIS-BREST

巴黎布雷斯特泡芙

烘焙重點｜製作不同形狀的泡芙和擠花技巧　　　　份　　量｜8個（約Ø8cm大小）

保存期限｜外皮可冷藏保存5天，內餡可冷藏保存5天（組合後外皮會變軟，請盡快食用）

材料 INGREDIENT

杏仁片	15g
防潮糖粉	少許
泡芙麵糊	1份
塗抹用蛋液	少許

▌榛果卡士達醬材料

卡士達醬	400g
無鹽奶油	100g
榛果抹醬	80g

事前準備 PREPARATION

1. 依照P.146步驟1-3製作泡芙麵糊。
2. 依照P.51作法製作榛果抹醬。
3. 低溫食材會阻礙乳化形成，因此所有冷凍食材須預先存放至室溫。
4. 所有粉類過篩。
5. 烤箱預熱至180℃。

作法 METHODS

▋ 製作榛果卡士達醬

卡士達醬　無糖奶油
400g　　100g

1

打蛋器打軟奶油至呈淡白色,分兩次加入已回軟的卡士達醬並攪拌均勻,幕斯琳奶油餡完成。

榛果抹醬
80g

2

榛果抹醬拌入幕斯琳奶油餡,以刮刀攪拌均勻後,冷藏備用。

▋ 製作巴黎布雷斯特泡芙

泡芙麵糊
1份

3

直徑約5.5cm的切模沾少許麵粉,在網格矽膠墊壓出印痕。擠花袋填入麵糊,搭配直徑約12mm十六角星形擠花嘴,依印痕大小擠出圓圈形狀麵糊。

杏仁片　塗抹用蛋液
上許　　少許

4

麵糊刷上蛋液,撒上杏仁片,噴上少許水,以180℃烘烤15-20分鐘後,溫度調至160℃繼續烘烤20分鐘。

4

5

泡芙放置散熱架冷卻後,以鋸齒蛋糕刀橫切成兩半。

6

擠花袋搭配使用直徑約6-7mm六角星形擠花嘴,先擠一圈榛果卡士達醬,再擠一層花形榛果卡士達醬。

防潮糖粉
少許

7

蓋上另一半泡芙,撒上防潮糖霜即完成。

泡芙

Q&A

Q1. 在泡芙麵糊中各種材料的作用

麵粉：在沸水中加入麵粉，澱粉因吸收水份形成黏性糊狀，稱為糊化作用，持續加熱、重複壓平可加速麵團糊化及產生彈性，形成泡芙外皮。奶油：油脂可抑制麵質形成，增加麵糊延展性，亦是香味來源。雞蛋：經過攪拌可乳化油脂，讓分散的油脂更安定，烤烘過程中，雞蛋所含的水份會讓泡芙內部形成孔洞，並在凝固後維持膨脹時的形狀。

Q2. 製作泡芙麵團時，為什麼有些食譜以牛奶代替水？

以牛奶取代水，可增添外皮香氣，成品顏色會較深，可根據個人喜好與需求，自行做取代，份量相同即可。

使用水　　　　使用牛奶

Q3. 蛋液為什麼要分次加入麵糊？

一次加入全部蛋液，麵糊會因無法快速吸收，變得濃稠難以拌勻，乳化作用無法完成。分次加入可讓乳化作用更明顯，當麵糊由塊狀吸收成糊狀即可加入第二次的蛋液。以此類推，直至加入全部蛋液後，攪拌至如圖中滑順狀態即完成，同時並停止攪拌，以免麵團變硬，影響膨脹效果。

Q4. 麵糊攪拌至什麼狀況才算完成？

麵糊攪拌至滑順有光澤，舀起麵糊，會以倒三角形慢慢並持續垂落，代表攪拌完成。

外觀滑順有光澤，即表示攪拌成功　　外觀不夠滑順且沒有光澤，表示攪拌失敗

Q5. 加入蛋液為什麼會讓麵糊變得過硬/軟？

① 溫度會影響麵糊質感，使用冰雞蛋，會增加澱粉黏性，麵糊變硬，於是為了讓麵糊變回順滑，會加入過量蛋液，讓麵糊變得過稀。

過稠　　　　適中　　　　過稀

② 水份過多或過少。水份過多麵團會過軟，水份過少時，麵團又會變硬，因此要觀察麵團狀態，適時調整加入的蛋液量，讓麵團可達到合適狀態。

③ 麵粉加進未煮沸的熱水，糊化作用未完成，澱粉無法產生足夠黏性，麵糊就會過軟。麵糊若未加熱至80度，水份不能完全蒸發亦會讓麵糊過軟。

Q6. 泡芙麵糊為什麼要噴水、塗蛋液？

可保持麵糊濕潤，烘烤時水蒸氣增加，麵糊延展時間變長，讓麵糊膨脹得更大。除了保持麵糊濕潤，塗刷蛋液也可讓成品外觀色澤變深。

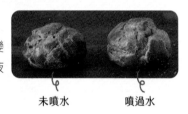

未噴水　　　噴過水

Q7. 為什麼在烤箱膨脹得好好的泡芙，離開烤箱後就立刻塌下來？

20分　　25分　　30分　　35分　　40分　　45分

烘烤時間不夠，內部仍充滿水氣，還未形成堅固外殼，泡芙取出時，由於溫度下降，缺少水蒸氣支撐外殼因此扁塌。泡芙在烤箱裡膨脹、開始變色，不代表已經完成，應確實遵守食譜烘烤時間，待烘烤完成後再取出。

Q8. 製作閃電泡芙麵糊該留意的狀況？

① 擠麵糊時力道不平均，泡芙最後會粗細不勻。
② 麵糊溫度過高或蛋量太多，泡芙會過度膨脹。
③ 擠花嘴太接近烤盤擠出麵糊，或麵糊太稀，泡芙成品外觀會比較扁平。

粗細不均　過度膨脹　外觀扁平　標準

CHOCOLATE

巧
克
力

巧克力以可可豆為原料加工而成,主要成份為可可奶油、可可塊,砂糖及奶粉。調溫是製作巧克力重要步驟,因為在不同溫度下凝固,會影響巧克力的口感與外觀光澤效果。做對調溫,成品便是質感堅硬、表面具光澤度,且入口即化、口感順滑。

巧克力調溫

巧克力調溫的目的是要讓巧克力具有光澤的外觀並凝固成堅硬質地,用於淋面、裝飾或包覆成品的巧克力,皆需進行調溫動作,若只是把巧克力作爲調味材料加入成品,則直接融化巧克力使用即可。

調溫原理

	融化溫度	結晶安定性
Form i	17.3℃	非常不安定
Form ii	23.3℃	不安定
Form iii	25.5℃	不安定
Form iv	27.5℃	不安定
Form v	33.8℃	安定
Form vi	36.3℃	非常安定

調溫是爲了讓巧克力裡的可可奶油形成穩定結晶體,可可奶油在不同溫度有六種不同構造的結晶型態,而第五種(Form V)結晶體最能呈現巧克力最佳狀態。

巧克力調溫程序 (以70%巧克力爲例):

- 加熱至50℃,完全融化可可奶油的結晶。
- 冷卻至27℃,不穩定的form iii、iv、v結晶開始形成。
- 升溫至31℃,融化不穩定的form iii 及iv結晶,同時維持穩定的form v結晶。

調溫判斷

當巧克力快速凝固,表面有微微的光澤感且質感滑順,代表調溫成功。若巧克力無法順利凝固,或凝固後出現霜花現象,結晶變大、口感粗糙,則表示調溫失敗。調溫過程中,巧克力溫度過低或凝固,不可重新加熱至30℃使用,而是要依照調溫程序,重新再做一次。

手指按壓後有凹痕,無法順利凝固,表示調溫失敗。

凝固後出現霜花現象,表示調溫失敗。

巧克力以可可豆爲原料加工而成,主要成分是可可奶油、可可塊、砂糖及奶粉。但成分比例不同,便會組成不同種類的巧克力。由於成分不只有可可脂,調溫程序溫度也會隨之改變,通常可從外包裝上查看到適合該巧克力的結晶溫度。

黑巧克力、牛奶巧克力、白巧克力成分與調溫差異

品項		可可奶油	可可塊	砂糖	牛奶	調理溫度℃（參考）
黑巧克力		●	●	●		50℃＞28℃＞31℃
牛奶巧克力		●	●	●	●	45℃＞27℃＞30℃
白巧克力		●		●	●	45℃＞26℃＞29℃

調溫方法A

水冷調溫法
Bowl Tempering

優點：準備工作、工具少，在家中也可操作。
缺點：容易混入冷水，巧克力易因過冷凝固而不夠滑順，只能處理少量巧克力。

作法

1

巧克力放進調理盆，隔水加熱至約50℃後離火。

tips

1.室溫過熱可加入少量冰塊。

2.裝有巧克力的調理盆直接放進冷水鍋，容易溢入冷水，建議以手指托住固定調理盆。

2

另外準備一鍋溫度約24-25℃的冷水，隔水慢慢拌勻巧克力，並讓溫度降至適當的26-28℃。

3

加熱鍋中的水至約30℃，並將巧克力隔水加熱至適當的29-31℃，調溫便完成。

薄片調溫法
Seed Tempering

優點：沒有特別技巧，容易操作。
缺點：每次加入的巧克力份量不易拿捏。

作法

1 巧克力塊切成薄片備用。

2 巧克力放進調理盆，隔水加熱至約50℃後離火。

3 以刮刀拌勻，當溫度開始下降，逐次加入巧克力薄片，讓溫度降至適當的26-28℃。

tips
過程中要不斷檢測溫度，若溫度過低，要再次加熱。

4 再次加熱鍋中熱水至約30℃，巧克力隔水加熱至約29-31℃，此時調溫即算完成。

調溫方法C

大理石調溫法
Mable Tempering

優點：快速且可大量操作。
缺點：要一定技巧、容易失敗，大理石桌不易取得，易從空氣中混入雜物。

作法

1

以食用酒精消毒檯面。

2

巧克力放入調理盆，隔水加熱至約50℃後離火。

tips

大理石桌面與調理盆底，要確實擦乾，避免多餘水份影響成品質感。

3

大理石不易傳熱，因此將2/3的巧克力直接倒在檯面，以抹刀和巧克力鏟刀不斷重複推開、拌勻，讓溫度降至約26-28℃。

4

將檯面上的巧克力鏟進調理盆，與剩下較溫熱的1/3的巧克力混合，藉此將溫度調和成適當溫度，此時調溫即算完成。

tips

剩餘的溫熱巧克力不可接觸到檯面，以免桌面溫度升高影響調溫。

| 巧克力 Chocolate |

GANACHE

甘納許

烘焙重點｜基本甘納許製作

份　　量｜約600g

保存期限｜冷藏7日

材料 INGREDIENT

鮮奶油	250g
無鹽奶油	25g
玉米糖漿	25g
70%黑巧克力	300g
鹽	0.5g

tips

玉米糖漿可使甘納許狀態更穩定，並代替食譜中的水份，保持濕潤讓質感滑順，並有防止水油分離作用。有些食譜會採用蜂蜜，味道更香但甜度更高，可依個人喜好選擇。

作法 METHODS

1

在鍋中加入鮮奶油、玉米糖漿、鹽，煮至開始沸騰即可熄火。

tips
────────
留意沸騰程度，避免過於沸騰溢出。

鮮奶油	鹽
250g	0.5g

玉米糖漿
25g

2

步驟 1 煮沸的材料倒入調理盆，稍微放置利用餘溫融化巧克力，再以抹刀慢慢拌勻。

70%黑巧克力
300g

3

接著以調理攪拌棒充分拌勻。

tips
────────
以調理攪拌棒高速攪拌，可讓巧克力均勻混合，又不會打入空氣，呈現亮澤滑順狀態。攪拌時調理攪拌棒要完全浸泡在巧克力裡，以免拌入過多空氣形成孔洞。

4

加入奶油，攪拌至完全融化即完成。

無鹽奶油
25g

tips
────────
加入奶油可讓巧克力質感更順滑，讓甘納許化口性更佳，同時增加香氣。

MENDIANT

蒙地安巧克力

烘焙重點｜擠上調溫巧克力，並裝飾各種堅果　　　份　　量｜約50顆

保存期限｜室溫2週

材料 INGREDIENT

A
┌ 杏仁	50顆
開心果	50顆
葡萄乾	50顆
└ 杏桃乾	13顆

54%黑巧克力　　200g

事前準備 PREPARATION

1. 54%黑巧克力調溫備用。　**作法→ P.163-165**

2. 杏仁及開心果烘烤備用。

3. 杏桃乾切成四份與其他果乾大小相符。

作法 METHODS

1

調溫後的巧克力填進擠花袋，剪開一個小口。

54%黑巧克力
200g

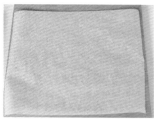

2

在木板上鋪烘焙紙，將巧克力擠成直徑約2cm的圓型。

tips

檯面若是石材、不鏽鋼等材質，會讓巧克力溫度快速下降、凝固，因此建議在木板上操作，減緩溫度下降利於操作。

3

輕敲木板，讓巧克力攤平成直徑約4cm的薄片。

4

以堅果、果乾裝飾，放置室溫直至凝固即完成。

材料A
全部

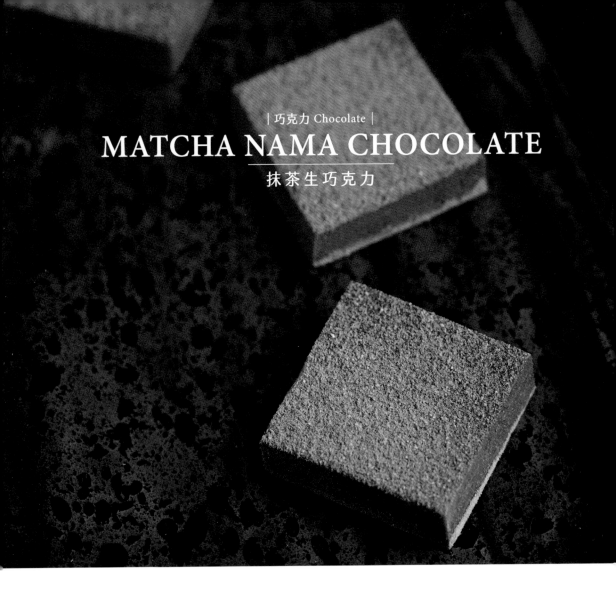

| 巧克力 Chocolate |

MATCHA NAMA CHOCOLATE
抹茶生巧克力

烘焙重點｜混合鮮奶油及巧克力，製作生巧克力
模　　具｜16×16cm模具

份　　量｜約25顆
保存期限｜冷藏3-5天

材料 INGREDIENT

tips

白巧克力	200g
抹茶粉	10g
鮮奶油	50g
鹽	0.5g
防潮糖粉	4g

白巧克力換成黑巧克力，將部份鮮奶油換成各種洋酒，就能變化成不同口味的生巧克力。

事前準備 PREPARATION

1. 抹茶粉過篩備用。
2. 製作16×16cm模具。 作法→ P.38

作法 METHODS

1 鮮奶油、鹽放進鍋中，煮至開始沸騰即可熄火。

| 鮮奶油 50g | 鹽 0.5g |

2 白巧克力、8g過篩抹茶粉放進調理盆，隔水加熱的同時將材料拌勻。

| 白巧克力 200g |

| 抹茶粉 8g |

3 煮熱的鮮奶油，倒入步驟2加熱過的材料裡，稍做攪拌，再以調理攪拌棒攪勻，直至呈現滑順有光澤狀態。

 tips
食譜的鮮奶油為最低比例，份量過少，攪拌後會油水分離。

4 巧克力倒入模具，輕敲模具並將表面抹平，然後冷藏至凝固。

5 防潮糖粉與2g抹茶粉混合過篩。

| 防潮糖粉 4g | 抹茶粉 2g |

6 巧克力脫模切去四邊不平整部份，平均切成約3cm×3cm的小方塊。

7 撒上抹茶糖粉即完成，成品可放入冰箱冷藏保存。

tips
生巧克力須冷藏保存，放在室溫會因過軟變形。

CHOCOLATE TRUFFLE

松露巧克力

烘焙重點│學習巧克力披覆技巧

模　　具│13×13cm模具

份　　量│約25顆

保存期限│冷藏3-5天

....

材料 INGREDIENT

A	鮮奶油	90g
	玉米糖漿	15g
	鹽	0.5g

無鹽奶油	15g
70%黑巧克力	150g
香橙甜酒	25g
可可粉	適量
54%黑巧克力	400g

事前準備 PREPARATION

1. 54%黑巧克力調溫作披覆用途。

2. 製作13×13cm模具。 作法→ P.38

作法 METHODS

▊ 製作甘納許

1

混合材料A，煮
至開始沸騰即
可熄火。

> 材料A
> 全部

2

煮熱的鮮奶油
加入70%黑巧
克力裡，稍為
放置待巧克力
開始融化後略
做攪拌。

> 70%黑巧克力
> 150g

3

加入香橙甜酒
後，以調理攪
拌棒攪拌，直
至呈滑順有光
澤狀態。

> 香橙甜酒
> 25g

4

加入奶油，攪
拌至奶油完全
融化。

> 無鹽奶油
> 15g

5

倒入模具，輕
敲模具敲平巧
克力，然後冷
藏至凝固。

▊ 製作松露巧克力

6

甘納許脫模切去
四邊不平整部
份，平均切成
約2.5×2.5cm
的小方塊。

7

將甘納許方塊搓揉成圓形。

tips

手心溫度會融化巧克力，搓揉完可排列在烘焙紙上，冷藏至凝固狀態。

8

沾取適量已調溫的54％黑巧克力在手心，將圓形巧克力放在手心稍做搓揉，直至表面沾滿調溫巧克力，再冷藏至凝固。

54%黑巧克力
400g

tips

表面多沾一層巧克力，可防止甘納許在進行接下來的披覆時變軟融化，及巧克力叉所造成的凹痕。

9

巧克力放在巧克力叉上，浸泡在已調溫的54％黑巧克力裡，浸泡動作重複三次，舀起後刮去多餘巧克力。

tips

巧克力叉是浸泡披覆巧克力的專門工具，可根據巧克力不同形狀、大小做選擇。

10

放進裝滿可可粉的調理盆。

可可粉
適量

11

巧克力凝固後搖晃調理盆，讓巧克力均勻沾滿可可粉即可。

MINT CHOCOLATE

薄荷巧克力

烘焙重點｜香味材料的萃取方法

模　　具｜13×13cm模具

份　　量｜約25顆

保存期限｜冷藏3-5天

材料 INGREDIENT

鮮奶油	100g
薄荷葉	10g
薄荷甜酒	25g
玉米糖漿	15g
鹽	0.5g
54%黑巧克力	550g
無鹽奶油	15g

tips

薄荷葉有新鮮薄荷香味，薄荷甜酒
有清涼口感，可依個人喜好增減。

事前準備 PREPARATION

1. 摘下薄荷葉葉子，洗淨備用。
2. 400g 54%黑巧克力調溫作披覆用。

作法 METHODS

▌製作薄荷甘納許

1

薄荷葉切碎加入鮮奶油，煮至微微沸騰，倒至碗裡浸泡冷藏一晚後，將鮮奶油過篩濾掉薄荷葉。

鮮奶油	薄荷葉
100g	10g

2

濾掉薄荷葉的鮮奶油，加入玉米糖漿、鹽後，加熱鮮奶油。

玉米糖漿	鹽
15g	0.5g

3

3

加熱過的鮮奶油倒進150g 54%黑巧克力裡，稍為放置待巧克力開始融化後略為拌勻。

54%黑巧克力
150g

4

加入薄荷甜酒，以調理攪拌棒攪勻，直至呈滑順有光澤狀態。

薄荷甜酒
25g

5

加入奶油，攪拌至完全融化。

無鹽奶油
15g

6

倒入模具，輕敲模具敲平巧克力，然後冷藏至凝固。

▌製作薄荷巧克力

7

薄荷甘納許脫模後，塗抹一層已調溫巧克力，然後冷藏凝固。

54%黑巧克力
400g

8

切去四邊不平整部份，平均切成約2.5×2.5cm的小方塊。

9

巧克力放在巧克力叉上，浸泡在已調溫的54%黑巧克力裡，浸泡動作重複三次，舀起後刮去多餘巧克力。

10

放在烘焙紙上，以巧克力叉壓出紋理。

11　待巧克力凝固即可。

tips

最佳保存溫度為8-10℃。

| 巧克力 Chocolate |

SALTED CARAMEL CHOCOLATE

海鹽焦糖巧克力

烘焙重點｜利用海鹽提升甜點風味　　　　份　　量｜約20顆

模　　具｜11×21cm模具　　　　　　　保存期限｜冷藏3-5天

材料 INGREDIENT

鮮奶油	75g
焦糖醬	100g
70%黑巧克力	150g
54%黑巧克力	400g

事前準備 PREPARATION

1. 依照P.48作法製作焦糖醬。

2. 54%黑巧克力調溫作披覆用。

作法 METHODS

■ 製作焦糖甘納許

1

鮮奶油加入焦糖醬，煮至微微沸騰。

鮮奶油 75g	焦糖醬 100g

2

加熱過的焦糖鮮奶油倒入70%黑巧克力裡，稍為放置待巧克力開始融化後略為拌勻。

70%黑巧克力 150g

3

以調理攪拌棒攪勻，直至呈滑順有光澤狀態。

4

倒入模具，輕敲模具敲平巧克力，然後冷藏至凝固。

■ 製作海鹽焦糖巧克力

5

焦糖甘納許脫模後，塗抹上一層已調溫巧克力，然後冷藏凝固。

54%黑巧克力 400g

6

切去四邊不平整部份，平均切成約2×5cm的小方塊。

7

巧克力放在巧克力叉上，浸泡在已調溫的54%黑巧克力中，浸泡動作重複三次，舀起後刮去多餘巧克力。

> **tips**
>
> 焦糖甘納許浸泡溫熱巧克力會變軟，所以不要太用力敲或刮去巧克力，以免斷開。

8　放在烘焙紙上，依喜好撒上少量海鹽。

9　待巧克力凝固即可。

巧克力
Q&A

Q1. 巧克力的製作過程。

可可漿：碾碎可可豆取得的可可豆原漿，苦味很重的膏狀物，可添加其他材料，製成巧克力塊或抽除可可脂製成可可粉。

可可塊：可可漿抽除可可奶油後，剩下的可可固體，經過處理及磨成細粉，就是一般市售的無糖可可粉，可可粉當中還會剩下少量的可可奶油，選購時要留意成份是純可可粉，或是添加香料，砂糖等的飲料用可可粉。

可可奶油：可可奶油（可可脂）常溫下是固狀油脂，融點約30℃，此一特性讓巧克力具備在口中融化的獨特口感，市面上亦有使用代可可脂的巧克力，但口感跟香氣完全無法比擬。

巧克力塊：可可豆製成可可漿後，可加入不同材料，做成不用口味的巧克力塊，如：黑巧克力、牛奶巧克力、白巧克力。

Q2. 巧克力標示的%是指什麼？

巧克力標示的%是指可可含量的比例，比如70%黑巧克力，代表含有70%可可，也就是可可奶油加上可可塊的含量，剩餘30%是砂糖、牛奶等其他材料，%愈高巧克力味道就愈濃。

Q3. 為什麼巧克力融化後會出現顆粒不夠滑順？

因為在融化巧克力過程中，不小心混入水份，水份會吸收巧克力裡的糖份，從而破壞巧克力的質感及濃稠度。

Q4. 可減少披覆用的調溫巧克力份量嗎？

披覆用調溫巧克力不可少於400g，太少會導致浸泡不完全、披覆不均勻，所以應視需求增加份量，剩餘巧克力可重新調溫使用，不用擔心浪費。

Q5. 免調溫巧克力與調溫巧克力的差異?

免調溫巧克力實際上不是巧克力,是抽離可可豆中的可可奶油,以便宜的植物油代替,價格便宜、容易操作,可融化後直接使用,但其香氣、口感與調溫巧克力差別很大。調溫巧克力以可可豆為原料加工而成,含有天然可可奶油,在不同溫度下凝固會影響口感與光澤,調整巧克力溫度,可讓巧克力在室溫下形成堅硬狀態,外觀呈現光澤、入口即融且口感順滑。

Q6. 為什麼巧克力不能用鍋直接加熱,要隔水加熱?

因為直接加熱不易控制溫度,且巧克力加熱至60℃,容易因火力過大而燒焦,所以一般建議隔水加熱巧克力,且加熱勿超過50-60℃。

加熱過度巧克力容易燒焦

Q7. 製作甘納許時,若因鮮奶油比例太少或溫度太低巧克力沒融化,怎麼辦?

可隔水加熱融化,但時間以五秒為單位,每五秒即離開熱水稍做攪拌,重複至巧克力完全融化。

Q8. 為什麼加入鮮奶油後甘納許會油水分離?

鮮奶油裡的乳脂肪含有乳化劑,讓水和油產生乳化作用;鮮奶油比例太少或攪拌不勻,無法產生乳化作用,就會形成油水分離。此時,可適量加入玉米糖漿,或分次緩緩加入煮熱的鮮奶油再以調理攪拌棒打勻,就能讓甘納許變回順滑有光澤。

Q9. 為什麼披覆的巧克力會過厚?

外層調溫巧克力與內層甘納許溫差太大。調溫巧克力要維持在約30至32℃時操作,若甘納許溫度太低,浸泡調溫巧克力後,會立刻凝固形成過厚的外層,最好在20℃時浸泡,便能形成薄薄一層巧克力外層。

Q10. 奶油和甜酒為何不能直接與鮮奶油混合煮熱?

高溫直接融化奶油會讓質感不夠滑順,甜酒亦會因為高溫揮發。

MERINGUE

蛋
白
霜

蛋白霜是將空氣打進蛋白，經過攪打過程，蛋白質互相產生連結，產生空氣變性形成薄膜，即發泡現象。蛋白霜口感清淡、清爽且甘甜，既可作為內餡，也可作為裝飾用。

製作蛋白霜

法式蛋白霜
French Meringue

材料		
蛋白		50g
白砂糖		100g

作法

1 請確保打發蛋白使用的工具、調理盆、打蛋器等已洗淨及擦乾。

2 先以低速稍微打散蛋白，讓濃厚蛋白與稀蛋白融合。

3 加入1/3份量白砂糖，轉中高速打發，打發至完全混合後，再加入1/3白砂糖，繼續打至七分發，再加入剩餘白砂糖，約打發幾秒後調成慢速繼續攪打。

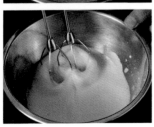

3

tips 從中高速轉至慢速，可讓蛋白霜質感更細密。

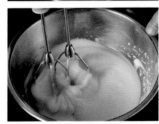

4 打至約八、九分發，稱為「乾性發泡」，此時蛋白呈堅挺、具光澤感，打蛋器舀起，蛋白尾端會有筆直的小勾勾，即為完成。

蛋白霜（Meringue）是製作甜點時經常會使用到的材料，更是關乎到一道甜品是否成功的重要關鍵，目前常見的蛋白霜有法式、義式，在做法、口感以及運用方式，也各自不同。

義式蛋白霜
Italian Meringue

材料		
蛋白	50g
水	30g
白砂糖	90g

作法

1 請確保打發蛋白使用的工具、調理盆、打蛋器等已洗淨及擦乾。

2 白砂糖、水加入鍋中，煮至120℃。

 tips

糖水要煮到120℃，若溫度不夠，蛋白霜會過稀，不適合造型。

3 糖水上升至110℃時，蛋白先以低速稍微打散，再轉中速打發。

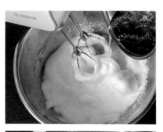

4 糖水到達120℃時，緩緩加入蛋白裡，轉高速持續打發至乾性發泡，也就是約八、九分發，此時蛋白呈堅挺、具光澤，打蛋器舀起蛋白尾端有筆直小勾勾，即為完成。

tips

糖水加進蛋白時，要注意倒入位置，若倒在打蛋器上，糖水飛濺出去凝固成糖塊，便無法與蛋白混合。

| 蛋白霜 Meringue |

ITALIAN MERINGUE COOKIES
義式蛋白脆餅

烘焙重點｜運用蛋白霜製作基礎甜點　　　　　　　**份　　量**｜約30顆

保存期限｜密封保存室溫5-7天

材料 INGREDIENT

義式蛋白霜	1份
香草精	1/2tsp
食用色素	適量

事前準備 PREPARATION

1. 依照P.187作法製作義式蛋白霜。
2. 烤盤鋪上烘焙紙。
3. 烤箱預熱至100℃。

作法 METHODS

1

義式蛋白霜加入香草精,攪拌數下。

> 香草精
> 1/2tsp

> 義式蛋白霜
> 1份

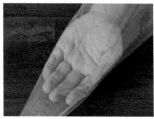

2

擠花袋裡外反折,依需求將食用色素塗在擠花袋上,再反折回去。

> 食用色素
> 適量

3

擠花袋填入蛋白霜,並依喜好選擇不同大小、形狀的擠花嘴。

4

在烘焙紙上擠出蛋白霜。

5 以100℃烘烤120分鐘,或烤至表面及底部乾身即可。

6 完全放涼後保存於密封容器。

MOCHA MACARON

摩卡馬卡龍

烘焙重點｜製作不同口味馬卡龍的技巧

保存期限｜密封保存冷藏7天、室溫3-5天

份　　　量｜約33片 約16顆

材料 INGREDIENT

▌馬卡龍外殼材料

蛋白	45g
白砂糖	20g
杏仁粉	40g
純糖粉 *	70g
可可粉	5g

> 如需製作原味馬卡龍外殼，可參照以上材料，杏仁粉增加至45g，並以少許食用色素取代可可粉。

▌咖啡甘納許內餡材料

56%黑巧克力	100g
鮮奶油	50g
無鹽奶油	10g
即溶咖啡粉	4g

tips

> *白砂糖與已打發的蛋白混合後不易融化，因此改為較幼細的糖粉，較有利於製作。

事前準備 PREPARATION

1. 低溫食材會阻礙乳化形成，因此蛋白預先存放至室溫。

2. 採用3cm直徑切模，在烘焙紙上畫圓，然後翻面鋪在烤盤上。

3. 杏仁粉、可可粉與純糖粉混合過篩備用。

 tips

> 杏仁粉、可可粉與純糖粉混勻才過篩，避免粉類加入蛋白時，需混合粉類而過度攪拌。

4. 烤箱預熱至145℃。

作法 METHODS

▌製作咖啡甘納許內餡

1

鮮奶油、巧克力、即溶咖啡粉倒入調理盆。

| 56%黑巧克力 100g | 鮮奶油 50g | 即溶咖啡粉 4g |

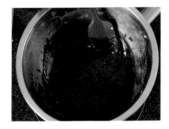

2

隔水加熱融化巧克力，沸騰即熄火，稍微放置利用餘溫融化巧克力，同時慢慢拌勻。

3

加入奶油以調理攪拌棒充分拌勻後，放涼包上保鮮膜冷藏備用。

| 無鹽奶油 10g |

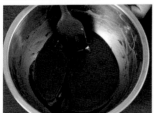

▌製作馬卡龍外殼

4 依照P.186作法製作法式蛋白霜。

| 蛋白 45g | 白砂糖 20g |

5

加入混合過篩的杏仁粉、純糖粉、可可粉，刮刀切幾下混合粉類與蛋白後，重複從調理盆底部舀起馬卡龍蛋白霜。

| 杏仁粉 40g | 純糖粉 70g |
| 可可粉 5g |

tips

攪拌過程中適度壓破蛋白霜氣泡，是馬卡龍外殼表面光滑的秘訣。但切勿過份攪拌令所有氣泡消除，擠出來的蛋白霜會因為過稀不能凝固成形。

6

剛混合完成的蛋白霜比較黏稠,以刮刀刮起麵糊,讓麵糊向下流回調理盆,重複此步驟讓麵糊消泡,同時持續拌至蛋白霜呈流動麵糊狀態,舀起時如倒三角形以緞帶狀流下。

tips

可可粉含的油脂會讓蛋白消泡,麵糊拌至流動狀態時間較短,因此要注意避免過度攪拌。

7

擠花袋填入馬卡龍蛋白霜,使用直徑約10mm圓形擠花嘴,照底稿擠出圓形麵糊。

tips

蛋白霜表面如出現氣泡,可用竹籤或蛋糕測試針戳破。

8

輕敲烤盤,讓蛋白霜中的氣泡排出,麵糊攤平,並放置至少30分鐘,待表面風乾。

tips

靜置約30分鐘,讓蛋白霜表面的糖份變乾燥並形成薄膜,鎖住麵團裡的水份,進而形成馬卡龍外觀上的裙邊。

9 以145℃烘烤5分鐘後,將烤盤轉180度再烘烤5分鐘。

■ 組合馬卡龍

10 大小形狀相似的兩片外殼為一組。

11

擠花袋填入咖啡甘納許,使用直徑約6mm圓形擠花嘴,在外殼打圈擠上適量巧克力甘納許內餡,然後蓋上另一片馬卡龍外殼即完成。

RASPBERRY MACARON

覆盆子馬卡龍

烘焙重點｜製作不同內餡及大小的馬卡龍

份　　量｜約6片 約3顆

保存期限｜密封保存冷藏3-5天

....

材料 INGREDIENT

▌馬卡龍外殼材料

蛋白	45g
白砂糖	20g
杏仁粉	40g
純糖粉	70g
紅色食用色素	少許

▌覆盆子馬卡龍內餡材料

新鮮覆盆子	15顆
鮮奶油	100g
白砂糖	10g

事前準備 PREPARATION

1. 低溫食材會阻礙乳化形成，因此蛋白預先存放至室溫。

2. 採用5.5cm直徑切模，在烘焙紙上畫圓，然後翻面鋪在烤盤上。

3. 杏仁粉與純糖粉混合過篩備用。

tips

> 粉類混合才過篩，避免粉類加入蛋白時，須混合粉類而過度攪拌。

4. 烤箱預熱至145℃。

作法 METHODS

▌製作馬卡龍外殼

1 依照P.186作法製作法式蛋白霜。

蛋白 45g | 白砂糖 20g

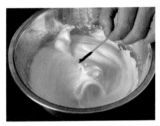

2 牙籤沾少許紅色食用色素，加入蛋白拌勻。

紅色食用色素 少許

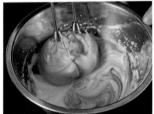

3 加入混合過篩的杏仁粉及純糖粉，利用刮刀切幾下，稍微混合粉類及蛋白，重複從調理盆底部舀起馬卡龍蛋白霜，剛混合完成的蛋白霜比較黏稠，以刮刀刮起麵糊，讓麵糊向下流回調理盆，重複此步驟讓麵糊消泡，同時持續拌至蛋白霜呈流動麵糊狀態，舀起時如倒三角形以緞帶狀流下。

杏仁粉 40g | 純糖粉 70g

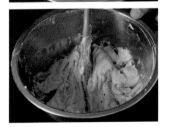

4 擠花袋填入馬卡龍蛋白霜，使用直徑約12mm圓形擠花嘴照底稿，擠出圓形麵糊。

5 輕敲烤盤，讓蛋白霜中的氣泡排出，麵糊平攤開來，並放置至少30分鐘，待表面風乾。

6 以145℃烘烤5分鐘後，烤盤轉180度再烘烤7分鐘。

組合馬卡龍

7

依照P.45作法打發鮮奶油至八至九分發。

鮮奶油	白砂糖
100g	10g

8 鮮奶油填入擠花袋，搭配使用直徑約10mm星形擠花嘴。

9 大小形狀相似的兩片外殼為一組。

10

外殼放5顆新鮮覆盆子，每顆覆盆子間擠上鮮奶油，擠適量鮮奶油將中間填滿，然後蓋上另一片馬卡龍外殼即完成。

新鮮覆盆子
15顆

10

tips

可依個人口味，在中間擠入盆覆子果醬讓味道更濃郁。

tips

烤箱溫度上升，蛋白裡的水化成水蒸氣往上膨脹，但被麵團外層形成的硬膜阻擋，麵團和蒸氣便從底部溢出成為裙邊。

蛋白霜

Q&A

Q1. 蛋白霜打發的階段？ 什麼是濕（軟）性發泡、中性發泡、乾（硬）性發泡？

一至三分發：稍微打散的蛋白，流動性很高。

四至五分發：氣泡開始產生，但依然處於液體狀，打蛋器舀起蛋白時會滴下。

六分發（濕性發泡）：蛋白氣泡開始變小，打蛋器舀起蛋白時，尖角明顯下垂。

七分發 （中性發泡）：界於濕性與乾性發泡之間，尖角成形，但依然會下垂。

八至九分發（乾性發泡）：蛋白霜挺身且充滿光澤，打蛋器舀起蛋白時，尾端會有堅挺筆直的小勾勾。

一至三分發	四至五分發	六分發 （濕性發泡）	七分發 （中性發泡）	八至九分發 （乾性發泡）

過度發泡：打發過度，會失去光澤，產生顆粒質感，呈固體棉花狀，碗裡會出水。

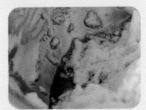

蛋白霜會失去光澤	蛋白霜呈固體棉花狀	發生出水狀況

Q2. 為什麼蛋白無法打發？

蛋白是靠蛋白質連結包覆空氣形成氣泡，油脂和水份會妨礙蛋白質相互連結。如果蛋白沾到蛋黃，或因器皿、工具沒有洗乾淨、擦乾而沾到水份，會影響蛋白打發。

Q3. 如何讓蛋白更安定？

加入塔塔粉。蛋白帶有鹼性，加入酸性塔塔粉可中和蛋白的鹼性，讓蛋白更安定，更容易打發。或以檸檬汁、白醋替代，但蛋白份量相對要減少，以免食譜液體過多。

Q4. 為什麼蛋白霜會出水？

因為打發過度。蛋白發泡過程，除了蛋白質，大多是水份，蛋白霜打發過度，蛋白質的空氣變性過度作用，蛋白霜便會出水並產生顆粒質感。 另外，攪拌過度的蛋白霜放置一段時間也會出水，所以建議製作完成後盡快使用。

Q5. 馬卡龍外殼烘烤失敗的原因有哪些？

風乾時間不足
蛋白霜麵糊未風乾至完全不黏手就進烤箱烘烤，表皮因未結成薄膜，烤出來的馬卡龍外殼不會出現裙邊，表皮也容易爆裂。

烤箱溫度不平均
會造成外殼顏色、膨脹效果、裙邊不平均的狀況。

烘烤溫度不足或過高
溫度不足，烘烤時間變長，外殼因過於乾燥爆裂。溫度過高，外殼則因蒸氣釋放太快爆開，外殼顏色變深，影響外觀。

蛋白霜過度攪拌或攪拌不足
過度攪拌蛋白霜會過稀呈液體狀態，造成膨脹不足，成品外觀扁塌。但若攪拌不足，蛋白霜會因太濃稠，成品表面不夠平滑、沒有裙邊，外殼也會過於脆弱而爆裂。

攪拌過度至不足（左至右）

因攪拌不足，麵糊過於濃稠

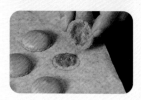

烘烤時間不足
即便外殼看起來已是光滑表面，仍會因外殼底部未熟透，拿取時底部沾黏烘焙紙，變得破碎不完整。

TART & PIE

塔派

塔類甜點是法式甜點很重要的一個類別。塔皮亦是塔類甜點最重要的一環。原味油酥塔皮麵團亦稱為鹹派皮，擁有易碎且酥脆的結構。因為沒有加入砂糖或糖粉，除了甜點外，亦可用於其他料理。甜味塔皮麵團則是在配方中加入糖粉的麵團，口感鬆脆，香氣更濃郁。

製作塔皮麵團

......

原味油酥塔皮麵團　Pâte Brisée

材料

低筋麵粉	155g	雞蛋	50g
無鹽奶油	75g	鹽	0.5g

事前準備

1. 雞蛋、低筋麵粉、無鹽奶油冷藏備用。
2. 混合雞蛋和鹽。

作法

1

低筋麵粉篩在無鹽奶油上，將無鹽奶油切成小塊，蓋上麵粉，讓每顆奶油沾上麵粉。

2

比較大塊的奶油捏成小碎粒，讓奶油確實完全沾上麵粉。

3

奶油麵粉放在手心輕輕搓揉，完全混合成淡黃色粉狀。動作快但不要太用力，以免奶油融化。

4

奶油麵粉中間挖洞加入蛋液，把四周麵粉撥向蛋液，以切拌法混合，混合至水份完全吸收後，用手壓平揉成團。盡量減少搓揉次數，加入水份後，過度搓揉會讓麵團產生筋性，烘烤後塔皮會變硬。

5

成團後用保鮮膜把麵團包起來，略為壓平冷藏至少1小時，一晚效果更佳。

根據不同塔派的口味，會使用不同麵團，因此麵團可區分爲原味油酥塔皮麵團和甜味塔皮麵團兩種，不論使用哪一種，只有做對做好基礎麵團，才是塔派美味好吃的最重要關鍵。

甜味塔皮麵團　Pâte Sucrée

材料

無鹽奶油	60g	杏仁粉	30g
糖粉	40g	雞蛋	25g
低筋麵粉	95g	鹽	1g

事前準備

1. 無鹽奶油、雞蛋放至室溫。

2. 低筋麵粉過篩。

3. 混合雞蛋及鹽。

作法

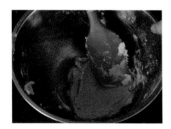

1
無鹽奶油、糖粉放進調理盆，以刮刀拌勻。

2
加入杏仁粉、過篩低筋麵粉，以切拌法混勻。

3
蛋液加入麵團，攪拌均勻直至成團。

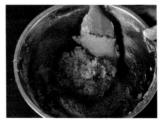

tips

1.加入蛋液後不要搓揉麵團，要以切拌法混合，需要時可略為按壓。

2.成團後用保鮮膜把麵團包起來，略為壓平，冷藏至少1小時，一晚效果更佳。

BAKED CHEESE TART

| 塔派 Tart & Pie |

半熟起司塔

烘焙重點│利用高溫烘焙，製作表面金黃內餡呈半融化
　　　　　狀態的塔派

份　　量│9個

保存期限│冷藏3天

模　　具│塔模/Ø7cm 圓形切模/Ø8.5cm

材料 INGREDIENT

	奶油起司	250g
A	白砂糖	40g
	香草醬	3g

甜味塔皮麵團	1份
塗抹用蛋液	少許
無鹽奶油	30g
原味優酪乳	90g
蛋白	45g
蛋黃	30g

事前準備 PREPARATION

1. 依照P.203作法製作甜味塔皮麵團。
2. 依照P.56作法製作塗抹用蛋液。
3. 烤箱預熱至160℃。（烘烤塔皮）
4. 烤箱預熱至230℃。（烘烤起司塔）
5. 低溫時食材會阻礙乳化作用，所以無鹽奶油、雞蛋、奶油起司放至室溫備用。
6. 把雞蛋小心分成蛋黃和蛋白。

作法 METHODS

■ 製作塔皮

1

矽膠墊上撒少許手粉,放上甜味塔皮麵團,撒手粉在麵團上。

> 甜味塔皮麵團
> 1份

2

擀麵棍輕輕敲打麵團,接著麵團轉九十度,矽膠墊撒上適量手粉,繼續敲打麵團。

tips

敲打麵團可將麵團恢復至可擀開的軟硬度。

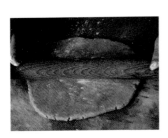

3

從中間向外推擀麵團,來回約2至3次。

3

tips

邊緣處由外往內擀,因為同方向來回推擀力度會不平均,導致邊緣變薄,厚度不一致。

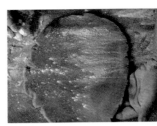

4

麵團轉九十度,在矽膠墊及麵團上撒手粉,重複步驟3的方式推擀,直至將麵團擀開至約4mm厚。

tips

推擀時施力過度會使塔皮沾黏。每次操作,矽膠墊、麵團及擀麵棍都要撒手粉,防止沾黏。

5

手粉撒在塔皮上，以直徑8.5cm圓形切模，切出9個圓形。

tips

1. 切剩的麵團可組合擀開再使用，但次數太多麵團會融化變軟，產生筋性。

2. 以上步驟須盡快完成，以免麵團變軟爛，難以操作。當麵團變軟可放回冰箱冷藏，待稍微變硬再繼續操作，若冷藏後變得過硬，可用手心溫度軟化。

6

塔皮放進塔模，確實與塔模中心對齊後，邊旋轉塔模邊將塔皮沿邊緣處往下推，直至碰觸到底部並緊貼塔模角落。

tips

推至適當位置時，塔皮與模具高度會一致，若有多餘麵團，可用小刀切去。

7

塔皮連同模具冷藏約30分鐘後，移至烤盤。

8

烘焙紙依據模具裁剪出適合大小，對折三次後，剪去多餘部份，在中間處再剪一刀，打開放進塔皮。

tips

烘焙紙可將烘焙重石與塔皮隔開，避免壓破塔皮。

9

塔皮放入適量烘焙重石。

tips

烘焙重石應均勻分佈，塔模邊緣與角落要確實填滿，完成盲烤的塔皮，外觀才會均勻且平整。

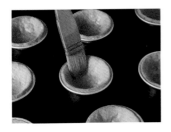

10

以160℃烘烤10分鐘後取出塔皮，拿走烘焙紙和烘焙重石，塔皮塗上薄薄一層塗抹用蛋液，放回烤箱烘烤約3-5分鐘後，取出冷卻。

塗抹用蛋液
少許

tips

塗上蛋液可在塔皮表面形成一層薄膜，防止內餡水份讓塔皮變軟，也有填補排氣孔洞作用。

▍製作起司餡

11

材料A放入調理盆，以電動打蛋器稍微打發。

材料A
全部

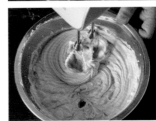
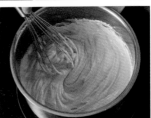

12

加入原味優酪乳，拌勻後移到鍋中，以小火加熱，一邊用打蛋器攪拌，煮至沒有顆粒的順滑狀態。

原味優酪乳
90g

13

熄火加入蛋白，一邊攪拌至開始變濃稠，舀起紋路不會立即消失。

蛋白
45g

14

最後加入奶油拌勻。

無鹽奶油
30g

tips

要特別注意起司餡濃稠度，過於濃稠成品會過硬，太稀表面不會有圓凸效果。

15

保鮮膜緊貼起司餡防止變乾，放涼後再冷藏2至3小時。

▌製作半熟起司塔

16

起司餡填入擠花袋，搭配使用約直徑8mm圓形擠花嘴，將起司餡擠到塔皮裡。

17

輕敲桌面，敲出起司餡裡多餘空氣。

18

刷上一層蛋黃液，以230度烘烤6-7分鐘，至表面金黃有點微焦即可。

蛋黃
30g

tips

烘烤時間太長，起司餡會過硬。

LEMON TART

檸檬塔

烘焙重點｜利用雞蛋和奶油作凝固劑製作檸檬內餡　　　份　　量｜8個

模　　具｜塔模/Ø7cm　圓形切模/Ø9.5cm　　　　　　保存期限｜冷藏3天

材料 INGREDIENT

甜味塔皮麵團	1份
塗抹用蛋液	少許
雞蛋	100g
白砂糖	120g
蛋黃	40g
檸檬	2顆
無鹽奶油	80g
鹽	1g

事前準備 PREPARATION

1. 依照P.203作法製作甜味塔皮麵團。

2. 依照P.56作法製作塗抹用蛋液。

3. 烤箱預熱至160℃。

4. 檸檬皮刨成屑。　作法→ P.65

5. 檸檬榨汁過篩。

6. 鹽與白砂糖混合。

7. 把雞蛋小心分成蛋黃和蛋白，取出蛋黃。

作法 METHODS

▌製作塔皮

1 依照P.206 步驟1-4操作塔皮。

> 甜味塔皮麵團
> 1份

2 手粉撒在塔皮上，以直徑9.5cm圓形切模，切出8個圓形。

3 塔皮放進塔模，確實與塔模中心對齊後，邊旋轉塔模邊將塔皮沿模具邊緣處往下推，直至碰觸到底部，並緊貼塔模角落。

4 塔皮連同模具冷藏約30分鐘後，移至網狀矽膠墊。

 tips

使用網狀矽膠墊，塔皮蒸氣可從底部排出，所以塔皮不用打洞，如使用一般烤盤，塔皮要先打洞。

5 以160℃烘烤9分鐘後取出塔皮，塔皮塗上薄薄一層塗抹用蛋液，放回烤箱烘烤9分鐘後，取出冷卻。

> 塗抹用蛋液
> 少許

▌製作檸檬餡

6 雞蛋及60g白砂糖加入調理盆，用打蛋器稍微打發。

> 雞蛋
> 100g

> 蛋黃
> 40g

> 白砂糖
> 60g

7

檸檬汁、檸檬皮、60g白砂糖放入鍋中,以小火加熱融化。

| 檸檬 | 白砂糖 |
| 2顆 | 60g |

8

檸檬溶液和蛋液在調理盆拌勻後,倒回鍋中以小火加熱,同時攪拌材料,煮至呈濃稠狀。

tips

直接把雞蛋加進鍋裡,會因溫度過高而熟透並形成硬塊,所以先在調理盆混合均勻再回鍋加熱。

9

煮至舀起紋路不會立刻消失的狀態時,加入奶油拌勻。

| 無鹽奶油 |
| 80g |

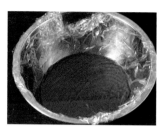

10

保鮮膜緊貼檸檬餡防止變乾,放涼後再冷藏2至3小時。

■ 製作檸檬塔

11

檸檬餡填入擠花袋,搭配使用約直徑8mm圓形擠花嘴,將檸檬餡擠到塔皮裡。

tips

冷藏過的檸檬餡變硬不好擠,要先放至室溫變軟。

12

檸檬塔輕輕左右晃動,讓檸檬餡變得平整即可。

FRUIT TART

水果塔

烘焙重點│二次烘焙塔皮的技巧　　　　　　份　　量│8個

模　　具│塔模/Ø7cm　圓形切模/Ø9.5cm　　保存期限│冷藏3天

材料 INGREDIENT

甜味塔皮麵團	1份
塗抹用蛋液	少許
卡士達醬	50g
果膠溶液	適量
雞蛋	40g

A		
	無鹽奶油	40g
	糖粉	40g
	杏仁粉	40g
	卡士達醬	80g

B		
	柳丁	1個
	葡萄柚	半個
	草莓	8顆
	藍莓	24顆
	奇異果	1個

事前準備 PREPARATION

1. 依照P.203作法製作甜味塔皮麵團。
2. 依照P.56作法製作塗抹用蛋液。
3. 依照P.42作法製作卡士達醬。
4. 依照P.57作法製作果膠溶液。
5. 烤箱預熱至160℃。（第一次烘烤塔皮）
6. 烤箱預熱至180℃。（第二次烘烤塔皮）
7. 杏仁粉與糖粉混合。
8. 水果洗淨備用。
9. 無鹽奶油放至室溫備用。

作法 METHODS

▊ 製作塔皮

1 依照P.206 步驟1-4操作塔皮。

> 甜味塔皮麵團
> 1份

2 手粉撒在塔皮上，以直徑9.5cm圓形切模，切出8個圓形。

3 塔皮放進塔模，確實與塔模中心對齊後，邊旋轉塔模邊將塔皮沿模具邊緣處往下推，直至碰觸到底部，並緊貼塔模角落。

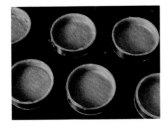

4 塔皮連同模具冷藏約30分鐘後，移至網狀矽膠墊。

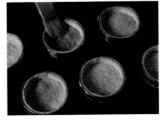

5 以160℃烘烤9分鐘後取出塔皮，塔皮塗上薄薄一層塗抹用蛋液，放回烤箱烘烤9分鐘後，取出冷卻。

> 塗抹用蛋液
> 少許

> tips
> 因塔皮會二次烘烤，所以第一次烘烤時間不須太長。

▊ 製作杏仁奶油餡

6 材料A放入調理盆，稍微拌勻。

> 材料A
> 全部

7

7

分次加入蛋液，以打蛋器攪拌均勻至沒有粉粒。

雞蛋
40g

8

杏仁奶油填入擠花袋，搭配使用約直徑8mm圓形擠花嘴，將杏仁奶油餡擠到塔皮裡約半分滿。

tips

杏仁奶油餡烘焙時會膨脹，所以不要擠太滿。

9 先以180℃烘烤8分鐘後，烤盤旋轉180度再烘烤7分鐘，取出冷卻備用。

▌製作水果塔

10

卡士達醬填入擠花袋，搭配使用約直徑8mm圓形擠花嘴，在奶油餡上擠上適量卡士達醬。

卡士達醬
50g

11

奇異果去皮切片，草莓去蒂，柳丁及葡萄柚去皮切塊。

作法→ P.39

材料B
全部

12

材料B裝飾在卡士達醬上。

13

最後在水果上面塗一層果膠溶液即可。

果膠溶液
適量

BLUEBERRY PIE

藍莓派

烘焙重點｜大型塔皮處理及烘焙技巧

模　　具｜7吋塔模

份　　量｜1個

保存期限｜冷藏3天

材料 INGREDIENT

甜味塔皮麵團	1份
藍莓	150g
奶酥粒	55g
藍莓果醬	200g
塗抹用蛋液	少許
果膠溶液	25g

事前準備 PREPARATION

1. 依照P.203作法製作甜味塔皮麵團。

2. 依照P.52作法製作奶酥粒。

3. 依照P.54作法製作藍莓果醬。

4. 依照P.56作法製作塗抹用蛋液。

5. 依照P.57作法製作果膠溶液。

6. 烤箱預熱至160℃。

7. 杏仁粉與糖粉混合。

8. 藍莓洗淨備用。

作法　METHODS

▌製作塔皮

1 依照P.206 步驟1-4操作塔皮。

> 甜味塔皮麵團
> 1份

2 手粉撒在塔皮上，放上七吋塔模，切掉多餘麵團。請留意麵團會因變軟而斷裂。

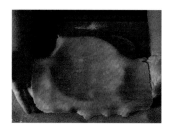

3 塔皮放進塔模，確實與塔模中心對齊後，邊旋轉塔模邊將塔皮沿模具邊緣處往下推，直至碰觸到底部，並緊貼塔模角落。

> tips
> 可用擀麵棍擀壓去除多餘的塔皮。

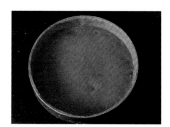

4 塔皮連同模具冷藏約30分鐘後，移至網狀矽膠墊。

> 塗抹用蛋液
> 少許

5 以160℃烘烤12分鐘後，烤盤旋轉180度繼續烘烤13分鐘，然後從烤箱取出塔皮，塗上薄薄一層塗抹用蛋液，放回烤箱烘烤2分鐘，再取出冷卻。

▌製作藍莓派

6 奶酥粒鋪滿塔皮，並塗上一層藍莓果醬。

> 奶酥粒
> 55g

> 藍莓果醬
> 200g

7 將藍莓鋪滿整個塔，塗上一層果膠溶液即可。

> 果膠溶液
> 25g

> 藍莓
> 150g

| 塔派 Tart & Pie |

APPLE CRUMBLE PIE

奶酥蘋果派

烘焙重點｜原味塔皮的烘焙技巧　　　　　　份　　量｜1個

模　　具｜圓型波浪塔模直徑18cm　　　　　保存期限｜冷藏3天

....

材料 INGREDIENT

A	無鹽奶油	25g
	白砂糖	30g
	黃糖	10g
	香草精	1tsp
	肉桂粉	½ tsp

原味油酥塔皮麵團	1份
美國紅蘋果（約1.5個）	280g
青蘋果（約1個）	160g
檸檬汁	20g
防潮糖粉	適量
奶酥粒	80g
塗抹用蛋液	少許

事前準備 PREPARATION

1. 依照P.202作法製作原味油酥塔皮麵團。

2. 依照P.52作法製作奶酥粒。

3. 依照P.56作法製作塗抹用蛋液。

4. 摘蘋果削皮去核，切塊備用。

 tips

蘋果可浸泡在水裡，避免氧化變色。

5. 檸檬榨汁過篩。 作法→ P.65

6. 烤箱預熱至160℃（烘烤塔皮）。

7. 烤箱預熱至200℃（烘烤奶酥蘋果派）。

作法 METHODS

▌製作塔皮

1 依照P.206 步驟1-4操作塔皮。

> 原味油酥塔皮麵團
> 1份

2 塔皮放進塔模，確實與塔模中心對齊後，邊旋轉塔模邊將塔皮沿模具邊緣處往下推，直至碰觸到底部，並緊貼塔模角落。

tips

可用擀麵棍擀壓去除多餘的塔皮。

3 拿叉子在塔皮上刺出一排排分佈平均的小洞。

4 塔皮放進烤箱，以160℃烘烤15分鐘。

5 從烤箱取出塔皮，塗上薄薄一層塗抹用蛋液，放回烤箱烘烤2分鐘，再取出冷卻。

> 塗抹用蛋液
> 少許

▌製作蘋果內餡

6 材料A放入平底鍋，以小火拌勻煮融化。

> 材料A
> 全部

7

加入蘋果、檸檬汁稍微拌勻。

| 蘋果全部 | 檸檬汁20g |

■ 製作奶酥蘋果派

10

蘋果內餡放進塔皮裡，略為鋪平。

8

加蓋以中火煮約5分鐘，直至蘋果變軟。

11

均勻地撒上奶酥粒。

| 奶酥粒80g |

12　以200℃烘烤10分鐘。

9

拿起蓋子，轉大火稍微煮乾醬汁。

13

待蘋果派冷卻後，撒上防潮糖粉即可。

| 防潮糖粉適量 |

tips

醬汁太多塔皮會變軟爛，失去酥脆口感。

Q&A

Q1. 塔皮麵團中各種材料的作用？

雞蛋：水份讓澱粉產生糊化作用，可控制塔皮麵團軟硬度，也是讓塔皮成團的主要因素。
麵粉：裡的澱粉吸收雞蛋的水份後，遇熱產生糊化作用，麵粉裡的蛋白質則形成麩質，是塔皮主體結構，亦給予塔皮所需的韌性，添加其他粉類，製作不同口味時，應減去相應的麵粉量。
奶油：油脂可阻止水份與麵粉接觸，減低麵粉筋性，麵團遇高溫時，奶油融化形成小孔洞，讓塔餅產生酥脆口感，調整奶油用量可控制酥脆口感，奶油量愈多，口感愈酥脆。
糖：提供甜味，在麵團裡的糖，會減低麵粉筋性，同時讓塔皮由酥脆變成硬脆口感，所以糖的用量愈多，會因無法完全融化，讓塔皮變得硬脆。

Q2. 製作原味油酥塔皮麵團時，除了雞蛋和奶油，為什麼麵粉也要預先冷藏？

提高成功率，也能減少麵團完成後的冷藏時間。原味油酥麵團沒有加糖，所以容易產生筋性，低溫可抑壓筋性產生，且先冷藏食材可避免奶油在操作時融化，影響麵團結構，以砂狀搓揉法操作時，也不易在手心融化。

Q3. 製作塔皮麵團時，為何雞蛋要最後下？

雞蛋裡的水份會促使筋性產生，最後才加入雞蛋，可避免麵團因過度揉搓起筋，導致烘烤後的塔皮過硬。

Q4. 為什麼塔皮麵團要冷藏？

靜置、冷藏可讓麵團鬆弛，烘烤後不會回縮。另外，因為麵團富含奶油，溫度上升會讓麵團變軟、產生黏性不易操作，所以塔皮放進模具後，烘烤前再冷藏30分鐘，可減緩塔皮收縮情況。

Q5. 為什麼製作塔皮會用糖粉而不是白砂糖？

塔皮的配方水份較少，糖粉較砂糖易融於水；利用糖粉製作的塔皮外皮光滑、口感鬆脆，白砂糖製作的塔皮會比較粗糙，因砂糖未完全融化而口感過硬。

Q6. 烘烤後的塔皮底部為什麼會凸起？有什麼方法解決？

麵團在烘焙時會釋出氣體，當氣體接觸模具或烤盤無法排出時，氣體會往上衝，導致塔皮底部凸起。烘烤前在塔皮底部打洞，可讓氣體從孔洞排出，但只限沒有內陷的塔。若使用網狀矽膠墊，氣體可從底部排出，塔皮就不用打洞。另外，在塔皮裡放入適量烘焙重石，也可防止麵團凸起。

氣體無處排出，只能往上衝，導致底部凸起。　　氣體可從網狀矽膠墊排出。　　在塔皮打洞，是為了釋放烘烤時產生的氣體。

Q7. 為什麼烘烤後的塔皮底部會收縮？有什麼解決方法？

搓揉過度，產生筋性：製作麵團時，搓揉過度會產生較多筋性，烘焙時就會收縮。
冷藏時間不足：即便過程中沒有過度搓揉，麵團仍會產生少量筋性，所以每次搓揉、入模成形後都要冷藏，利用冷溫抑止筋性產生，防止塔皮收縮。
烘焙前麵團沒有貼緊模具：麵團與模具要完全貼合，盡量減少麵團間的空隙，以免麵團遇熱變軟，移至空隙處，導致底部收縮、變形。

模具與麵團完全緊貼。　　麵團與模具沒有緊貼，留有空隙。　　麵團與模具沒有緊貼，留有空隙。

Q8. 為什麼烘烤完成的塔皮要連模放涼？

塔皮在取出烤箱後，質地不穩定，且沒有足夠支撐力，立刻脫模，塔皮容易變形或破裂、碎掉。

PUFF PASTRY

千層酥皮

以麵粉、水及鹽製成的麵團（Détrempe）包裹著奶油，重複擀壓延展後折疊，麵團在水蒸氣下膨脹，烘烤後形成層次分明，香酥口感的派皮。千層派皮麵團除了有基本的製作方法外，還有反轉折疊法及快速折疊法。

千層派皮麵團折疊法

千層派皮麵團 - 基本折疊法
Puff Pastry Dough-Regular

份　　量｜一份約580g

材料

A	無鹽奶油	25g
B	中筋麵粉	250g
	鹽	3g
	水	125g
C	無鹽奶油	175g

事前準備

1. 準備30×30cm的烘焙紙，在中間折出15×15cm的正方形。
2. 融化材料A的無鹽奶油。
3. 中筋麵粉過篩後倒入調理盆。
4. 材料B及材料C冷藏備用。

作法

■ 製作外層麵團

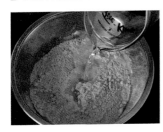

1
鹽和水混合，加入已過篩的中筋麵粉。

材料B
全部

2
加入融化奶油後稍微拌勻，一邊轉動調理盆，一邊以往下切入的方式，把材料稍微拌勻。

材料A
全部

3
麵團稍微拌勻後，放在矽膠墊上，切成小塊，再以手掌整合麵團，然後轉90度，重複以上動作混合至無粉粒，再略搓為團狀。

4

麵團中間劃十字，稍微打開成四方形，以保鮮膜包好壓平，冷藏至少1小時，最好提前一晚預備。

tips

劃十字打開麵團，可平均鬆弛麵團，由圓形變成正方形。

▌麵團包覆奶油

5

拿擀麵棍敲打奶油，敲打至約15×15cm的正方形，用烘焙紙把奶油包起來。

材料C
全部

6

擀麵棍擀薄奶油，將四角擀開成為正方形，擀好冷藏備用。

7

取出麵團，撒上手粉，將麵團擀成比奶油大的20cm正方形。

8

奶油放在麵團中間，拉起麵團四角折向中間，包覆奶油。

tips

確保麵團與奶油緊密貼合，用手捏緊接合處避免空氣進入。

擀壓麵團及折疊

9

擀壓前撒上手粉，擀麵棍平均輕壓出凹槽。

10

從中間位置來回推擀，麵團擀長三倍，約15×45cm大小，接著為了擀出四角，將麵團向外推擀，邊緣稍微凸起時，擀麵棍呈45度，將邊緣擀不到比較厚的地方往外擀，並擀出四個角。

tips

麵團要擀出四角，角位沒有擀開，回縮後經過重複折疊，同樣位置會因為無法完整覆蓋而減少層數。

11

靠近身體方向將1/3麵團往中間折疊，再將外側1/3麵團往中間折疊。

12 麵團轉90度，重複步驟9-11的方式擀壓、折疊，接著以保鮮膜包好麵團，冷藏靜置至少1小時。

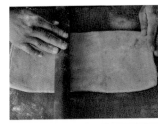

13

兩次擀壓、折疊，再冷藏靜置為一組，重複步驟9-12兩次，意即共擀壓、折疊三組六次。

tips

重複擀壓可能讓長形麵團厚度不一。此時，打直擀麵棍，將麵團輕輕往內推擀，中間位置若稍微凸起，則打橫擀麵棍，將麵團輕輕往外推擀。過程中如感覺麵團開始變軟，代表奶油開始融化，需冷藏回硬再繼續操作。

千層派皮麵團 - 反轉折疊法
Puff Pastry Dough-Inverse

份　　量│一份約630g

材料

A　無鹽奶油　　　　　　　25g

B ┌ 中筋麵粉　　　　　　250g
　│ 鹽　　　　　　　　　3g
　└ 水　　　　　　　　　125g

C ┌ 無鹽奶油　　　　　　175g
　└ 中筋麵粉　　　　　　85g

事前準備

1. 準備約50×35cm的烘焙紙，在中間折出 36×22cm長方形。
2. 融化材料A的無鹽奶油。
3. 兩份中筋麵粉過篩後分別放入兩個調理盆。
4. 材料B、C冷藏備用。

作法

▌製作麵團

1

依照P.228步驟 1-4製作千層派 皮麵團。

材料A 全部　材料B 全部

▌製作外層奶油麵團

2

以刮板把奶油 切成塊狀。

無鹽奶油 175g

3

奶油加入中筋麵 粉，把奶油捏成 小顆粒，讓奶油 沾上麵粉。

中筋麵粉 85g

tips

加入麵粉可讓奶油產生足 夠延展性包覆麵團。

4

稍微混合奶油 與麵粉，整合 成團狀後，以 烘焙紙包起奶 油麵團。

5

擀麵棍擀薄奶油麵團，向四角擀開成為36×22cm的長方形後，冷藏備用。

■ 奶油麵團包覆麵團、擀壓及折疊

6

撒上手粉，將麵團擀成約24×22cm的正方形。

7

取出奶油麵團，將麵團疊在奶油麵團上。

8

外側1/3奶油麵團往中間折疊，將另外1/3疊著麵團的奶油麵團，往中間折疊。

9 麵團轉90度，撒上手粉，將擀麵棍打橫平均輕壓出凹槽。

10

在中間位置來回推擀麵團，將麵團擀至36×22cm長。

11

靠近身體方向將1/3麵團往中間折疊，再將外側1/3麵團朝中間折疊，接著以保鮮膜包好麵團，冷藏靜置至少1小時。

12 兩次擀壓、折疊，再冷藏靜置為一組，重複步驟9-11兩次，意即共擀壓、折疊三組六次。

千層派皮麵團（巧克力）- 反轉折疊法
Puff Pastry Dough (Chocolate) -Inverse

份　　量｜一份約630g

材料

A　無鹽奶油　　　　　　25g

B
- 中筋麵粉　　　　　230g
- 可可粉　　　　　　20g
- 鹽　　　　　　　　3g
- 水　　　　　　　　125g

C
- 無鹽奶油　　　　　175g
- 中筋麵粉　　　　　85g

白砂糖　　　　　　　　　適量

事前準備

1. 準備約50×35cm的烘焙紙，在中間折出36×22cm的長方形。
2. 融化材料A中的無鹽奶油。
3. 混合、過篩材料B的中筋麵粉及可可粉，並放入調理盆內。
4. 材料B和材料C冷藏備用。

作法

▌製作麵團

1

混合材料B的鹽和水，連同融化奶油加至裝有中筋麵粉及可可粉的調理盆內。邊轉動調理盆，邊以往下切的方式把材料稍微拌勻。

材料A　材料B
全部　　全部

2

麵團稍微拌勻後，放到矽膠墊上，將麵團切成小塊，再以手掌整合麵團，然後轉90度，重複以上動作直至形成團狀。

3

麵團中間劃十字，稍微打開成方形，以保鮮膜包好冷藏靜置至少1小時，最好提前一晚預備。

▌製作外層奶油麵團

4

依照P.231步驟2-5製作外層奶油麵團。

材料C
全部

▌奶油麵團包覆可可麵團、擀壓及折疊

5

依照p.232步驟6-12包覆可可麵團、擀壓、折疊。

tips

最後一組擀壓、折疊，可以白砂糖代替手粉，增加整體甜度與香脆口感。

千層派皮麵團-快速折疊法
Puff Pastry Dough- Quick

份　　量｜一份約580g

材料

A ⌈ 鹽　　　　　　　　3g
　└ 水　　　　　　　　125g

中筋麵粉　　　　　　　250g
無鹽奶油　　　　　　　200g

事前準備

1. 所有材料冷藏備用。
2. 中筋麵粉過篩備用。
3. 混合材料A。
4. 利用烘焙紙折出6×6cm大小。

作法

▋整合麵團

1

以刮板將奶油切塊。

> 無鹽奶油
> 200g

▋製作外層奶油麵團

2

加入過篩的中筋麵粉，稍微混勻麵粉與奶油。

> 中筋麵粉
> 250g

3

麵粉奶油混合物中間撥開一個洞，加入已混合的水和鹽。

> 材料A
> 全部

4

以刮板將四周麵粉撥向液體，並以切割法稍微混合。

5

整合成團狀，再壓成大約10×15cm的長方形。

tips
奶油仍是塊狀還未完全融化是正常的。

6

保鮮膜包好冷藏靜置30分鐘。

■ 擀壓麵團及折疊

7

取出麵團，撒上手粉，擀麵棍打擴平均輕壓出凹槽。

8

先從中間位置來回推擀，麵團擀長三倍，約15×45cm大小。

8

9

靠近身體方向將1/3麵團往中間折疊，再將外側1/3麵團往中間折疊。

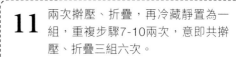

10

麵團轉90度，撒上手粉，重複步驟7-9擀壓、折疊，接著以保鮮膜包好麵團，冷藏靜置至少1小時。

11

兩次擀壓、折疊，再冷藏靜置為一組，重複步驟7-10兩次，意即共擀壓、折疊三組六次。

| 千層酥皮 Puff Pastry |

MILLE FEUILLE

法式千層派

烘焙重點｜利用滾輪打孔令千層派皮膨脹得更平整　　　　　　**份　　量**｜3條

保存期限｜冷藏2天

材料 INGREDIENT

千層派皮麵團 - 基本折疊法	1/2份
糖粉	適量
卡士達醬	400g
無鹽奶油	100g

事前準備 PREPARATION

1. 依照P.228作法製作千層派皮麵團。

2. 依照P.42作法製作卡士達醬。

3. 烤箱預熱至200℃。

作法 METHODS

▌烘烤千層派

1 取出靜置完成的麵團，在麵團及檯面撒手粉。

> 千層派皮麵團
> 1/2份

2 將半份千層派皮麵團擀壓成24×36cm大小。

3 利用擀麵棍輔助，將麵皮移至鋪了烘焙紙的烤盤裡。

4 以滾輪在麵皮上打孔。

5 利用網架重量固定麵皮，避免麵皮過度膨脹。

6 以200℃烘烤10分鐘後，烤盤旋轉180度繼續烘烤10分鐘；接著調至150℃烘烤10分鐘，再將烤盤旋轉180度烘烤10分鐘。

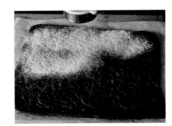

7 取出派皮，均勻撒上一層糖粉。

> 糖粉
> 適量

8 以200℃上火放在烤箱最上層，糖粉融化成透明時取出，如火力不均，部份未能融化，可旋轉烤盤繼續烘烤。

tips

糖粉從融化到變焦過程快速，所以要在一旁觀察，當糖粉融化便立刻取出。

┃ 組合千層派

9 派皮連網架放涼，切去四邊多餘的部份。

10 一份派皮可切成7條4×22cm的長條，再將每條長條切半成4×11cm，共得出14塊。

11 以P.157方法製作幕斯琳奶油餡，填入擠花袋使用約直徑8mm圓形擠花嘴，幕斯琳奶油餡擠在派皮上，蓋上另一塊千層皮，重複動作再做一層。

| 卡士達醬 |
| 400g |

| 無鹽奶油 |
| 100g |

12 最後撒上少量糖粉即可。

| 糖粉 |
| 適量 |

|千層酥皮 Puff Pastry|

PALMIER

蝴蝶酥

烘焙重點｜利用反轉法製作小點心　　　　份　　量｜20塊

保存期限｜室溫14天

材料 INGREDIENT

千層派皮麵團 - 反轉折疊法　　1/3份
白砂糖　　　　　　　　　　　20g

事前準備 PREPARATION

1. 依照P.231作法製作千層派皮麵團。
2. 烤箱預熱至180℃。

作法 METHODS

■ 烘烤蝴蝶酥

千層派皮麵團 -反轉折疊法 1/3份	白砂糖 20g

1

取出靜置完成
的麵團，在麵
團及檯面上撒
白砂糖，擀麵
棍打摜平均輕
壓出凹槽。

2

在中間位置來
回推擀麵團，
擀成20×34cm
的長方形。

3

左右兩邊往內
折三次。

4

將麵團切片，每
片約5mm厚。

 tips

每塊蝴蝶酥要預留
膨脹延展間距。

5

先以180℃
烤約8分鐘至
上色，接著翻
面烘烤7分鐘
即可。

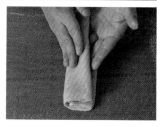

|千層酥皮 Puff Pastry|

CHOCOLATE PAILLES
WITH RASPBERRY JAM

巧克力覆盆子千層酥餅

烘焙重點｜利用反轉法製作小點心　　　　　　**份　　量**｜9-10塊

保存期限｜冷藏2天

材料 INGREDIENT

千層派皮麵團（巧克力）- 反轉折疊法	1/2份
白砂糖	30g
覆盆子果醬	50g
糖粉	適量

事前準備 PREPARATION

1. 依照P.233作法製作千層派皮麵團。

2. 可參照P.54藍莓果醬作法及份量製作覆盆子果醬，果膠增加至4g。

3. 烤箱預熱至200℃。

作法 METHODS

烘烤巧克力千層酥餅

1 取出靜置完成的麵團,在麵團及檯面上撒白砂糖,擀麵棍打橫平均輕壓出凹槽。

| 千層派皮麵團(巧克力)-反轉折疊法 1/2份 | 白砂糖 30g |

2 在中間位置來回推擀麵團,擀成27×21cm的長方形。

3 以刮板切成三等分。

4 麵團上先撒白砂糖,再疊上一層麵團,將三片麵團疊在一起。

5 切除四邊不平整部份。

6 麵團切片,每片約6mm厚。

7 先以200℃烘烤約8分鐘,接著翻面烘烤7分鐘即可。

組合巧克力覆盆子千層酥餅

8 覆盆子果醬填入擠花袋,使用約直徑5mm圓形擠花嘴,果醬擠在派皮上,蓋上另一塊千層派。

| 覆盆子果醬 50g |

tips

食用前再擠果醬,否則千層酥餅會因吸入水份變軟。

9 最後撒上糖霜即可。

| 糖粉 適量 |

CUSTARD APPLE PIE

卡士達蘋果派

烘焙重點	千層派皮填入餡料的技巧	份　　量	8個
模　　具	直徑10cm花形切模	保存期限	冷藏2天

材料 INGREDIENT

千層派皮麵團 -快速折疊法	1/2份
卡士達醬	60g
蘋果內餡	120g

A	檸檬汁	5g
	白砂糖	30g
	杏桃果醬	10g

事前準備 PREPARATION

1. 依照P.234作法製作千層派皮麵團。
2. 烤箱預熱至180℃。

作法 METHODS

1 在麵團及檯面上撒手粉，擀麵棍打摜平均輕壓出凹槽，在中間位置來回推擀麵團，擀成45×25cm大小。

> 千層派皮麵團-快速折疊法
> 1/2份

2 麵團撒上手粉，以直徑10cm花形切模，切出8個圓形。

3 放上蘋果餡（每個約為15g），邊緣刷上清水，派皮對折，用手指壓緊邊緣。

> 蘋果內餡
> 120g

tips

1. 注意填入蘋果餡的份量，餡料太多會讓派皮爆開。

2. 對折後壓緊邊緣，可讓派皮黏合得更牢固。

4 以180℃烘烤15分鐘。

5 混合並煮融材料A。

> 材料A
> 全部

6 取出蘋果派，立刻塗上杏桃果醬溶液。

7 蘋果派冷卻後，在側面戳一個小洞，卡士達醬填入擠花袋，使用約直徑6-8mm圓型擠花嘴，從小洞擠入卡士達醬即可。

> 卡士達醬
> 60g

千層酥皮

Q&A

Q1. 千層派皮的層數是如何形成的？千層派皮真的有一千層嗎？

以麵團包裹著奶油，麵團每次都擀成三倍長再折疊三折，重複擀壓及折疊六次後，理論上麵團得出的層數的確會超過一千層。進入烤箱後，麵團在水蒸氣下膨脹，烘烤後形成層次分明，香酥口感的派皮。

Q2. 材料為什麼要預先冷藏？

經過冷藏，可讓材料溫度一致，方便後續操作。其中尤其是奶油，擀壓及折疊過程中，一定要確保奶油與麵團硬度一致，如果感覺麵團開始變軟，代表奶油融化，需冷藏回硬再繼續操作，不然麵團外皮會爆開、奶油外流，影響到派皮層層分明的結構。

Q3. 為什麼每次擀壓及折疊後的麵團都要用保鮮膜包好，靜置鬆弛起碼一小時？

過多筋性會讓麵團在擀壓後回縮，靜置麵團是為了減輕揉搓時產生的筋性，便於後續操作；靜置麵團則能讓澱粉更均均地吸收水份，讓麵團硬度更一致，因此須至少靜置1小時，若能提前一晚預備效果更佳。

Q4. 為什麼要在派皮麵團裡加入食鹽？

食鹽可加強麵團裡的麩質結構，讓麵團更有彈性，擀壓比較不會爆開，派皮麵團經過烘烤後，層次也會更分明。

Q5. 法式千層派為什麼要撒糖粉？

撒糖粉除了可產生酥脆口感、增加甜度外，也可讓派皮表面有一層焦糖膜包覆，擠入卡士達醬或果醬時，不會很快變軟。

Q6. 製作法式千層派時，麵皮打洞的用意是什麼？

可讓水蒸氣從孔洞中排出，抑止麵團往上凸起，酥皮膨脹狀態會較為穩定且平整。並非每種甜點麵皮都要打洞，應根據甜點需求決定是否打洞。而由於法式千層派需要平整的派皮，所以會將麵團打洞再烘烤。

Q7. 以擀麵棍敲打奶油的作用是？

只放室溫回軟，整塊奶油軟硬度會不一致，增加操作難度。利用擀麵棍均勻敲打，可讓奶油回軟至可塑形狀態，整體硬度也會比較一致，減少擀壓難度。

Q8. 為什麼會使用「中筋麵粉」作為麵團的麵粉？

為了取得平均效果的成品。麵粉中蛋白質含量，亦即「筋性」，會影響派皮的膨脹程度及硬度。因此，不同麵粉成品有其差異，可根據希望成品得到的效果和口感，決定使用哪一種麵粉。

高筋麵粉麩質含量高，口感較硬，筋性較強，成品膨脹程度較高；層次最分明。　低筋麵粉麩質含量低，口感鬆軟，筋性較弱，膨脹程度較低，層次感較弱。　使用中筋麵粉，成品能得到較平均的效果。

Q9. 不同麵團折疊法所製作的成品有差異嗎？

不同折疊法做出來的成品會有差異。基本的麵團折疊法以麵團包裹奶油，重覆擀壓延展後折疊，烘烤後派皮層次分明、口感香酥。反轉折疊法以奶油包裹麵團進行擀壓折疊，奶油裡的水份會被麵粉吸收，烘烤後的派皮較香脆。快速折疊法是將奶油及麵粉直接混合並整合成麵團，少了多層層次，因此口感會稍硬。

基本折疊法　　　反轉折疊法　　　快速折疊法

SPECIAL CLASS

人氣甜點隨手作

CARAMEL PUDDING

焦糖布丁

烘焙重點	學習低溫烘焙技巧，利用雞蛋的熱固性製作布丁	份　　量	4杯
模　　具	140ml布丁模	保存期限	冷藏7天

材料 INGREDIENT

白砂糖	110g
水	15g
雞蛋	2顆
蛋黃	1顆
香草莢	1/2條
牛奶	280g
鮮奶油	50g
鹽	0.5g

事前準備 PREPARATION

1. 烤箱預熱130℃。
2. 布丁模塗上一層薄薄的室溫奶油。
3. 把雞蛋小心分成蛋黃和蛋白，取出蛋黃。

作法 METHODS

■ 製作焦糖漿

1
鍋中倒入50g白砂糖，慢火加熱煮融，不用攪拌，輕輕搖動鍋子讓砂糖均勻鋪滿即可。

白砂糖
50g

2
待白砂糖完全融化且變成焦糖色離火，隨即加入水拌勻。

水
15g

3
焦糖漿平均倒入耐熱布丁模備用，份量剛好蓋過布丁杯底。

■ 製作布丁液

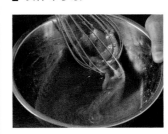

4
雞蛋、蛋黃加入30g白砂糖打勻備用。

雞蛋
2顆

蛋黃
1顆

白砂糖
30g

5

牛奶、鮮奶油、鹽和剩下的白砂糖，全部倒入鍋中。

牛奶	鮮奶油
280g	50g

鹽	白砂糖
0.5g	30g

6

依照P.34作法取出取出香草籽，連同香草莢加入牛奶，慢火加熱至微熱冒煙即可離火。

tips

煮好的牛奶可浸泡一晚，讓味道更濃郁，使用時再煮熱即可。

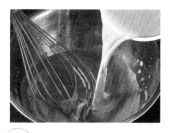

7

牛奶慢慢倒入蛋漿，同時以打蛋器持續攪拌。

tips

慢慢倒入並持續攪拌，可避免蛋液因溫度過高而凝固。

8

布丁液體過篩隔出泡沫與香草莢。

tips

香草籽是香氣的來源，不要將珍貴的香草籽篩除。

9

布丁液平均倒入布丁模。

10

布丁模放入烤盤後加水，利用水浴法，以130℃烘烤40-50分鐘即可。

tips

1.布丁模上蓋鋁箔紙可讓布丁表面更光滑。

2.鋁箔紙不要裹太低，方便觀察杯內蛋液的情況。

沒有蓋鋁箔紙　　蓋鋁箔紙

| 人氣甜點隨手作 Special Class |

PANNA COTTA
香草鮮奶酪

烘焙重點｜利用吉利丁製作奶酪甜點

模具尺寸｜100ml

份　　量｜6杯

保存期限｜冷藏5天

材料 INGREDIENT

香草莢	1/2條
牛奶	300g
吉利丁片　或	6.5g
吉利丁粉	
白砂糖	55g
鮮奶油	200g
鹽	0.5g

作法　METHODS

▌浸泡香草莢

1

依照P.34作法取出香草籽連同香草莢加入牛奶。

香草莢	牛奶
1/2條	300g

2

慢火加熱牛奶至微熱冒煙後離火，待冷卻後冷藏一晚。

tips

香草莢連同香草籽在牛奶裡浸泡一晚，讓香草味道更濃郁。

▌製作鮮奶酪

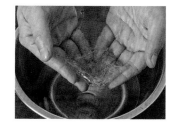

3

冷水泡軟吉利丁片。

吉利丁片
6.5g

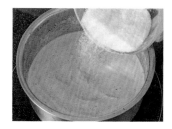

4

牛奶加熱，加入白砂糖攪拌至完全融化即可離火。

白砂糖
55g

5

加入鮮奶油和已泡軟吉利丁片，稍微拌勻。

吉利丁片	鮮奶油
6.5g	200g

6

牛奶過篩隔出香草莢，及未能完全融化的吉利丁片。

7

牛奶倒入容器。

tips

底下因有沉澱物，可先倒一半，將剩餘的牛奶攪拌後，再倒滿容器。

8　冷藏至少4小時至完全凝固。

RAISIN OATMEAL COOKIES

葡萄乾燕麥餅乾

烘焙重點 | 使用乾性材料取代部份麵粉，製作不同的餅乾　　**份　量** | 40塊

保存期限 | 室溫7天

材料 INGREDIENT

A	白砂糖	50g	葡萄乾	80g
	Brown Sugar	120g	蘭姆酒	40g
	鹽	5g	無鹽奶油	160g
			雞蛋	1顆
B	泡打粉	1/2tsp	香草醬	3g
	肉桂粉	1/2tsp	燕麥	200g
	中筋麵粉	120g		

事前準備 PREPARATION

1. 蘭姆酒加入葡萄乾混合，浸泡一晚備用。
2. 烤箱預熱至180℃。
3. 材料A混合備用。
4. 材料B混合過篩備用。
5. 融化無鹽奶油。

tips

可根據口味決定浸泡時間，浸泡愈久酒味愈濃。

作法 METHODS

1

將已融化的無
鹽奶油放入調
理盆，加入材
料A拌勻。

| 材料A | 無鹽奶油 |
| 全部 | 160g |

2

加入蛋液、香
草醬拌勻。

| 雞蛋 | 香草醬 |
| 1顆 | 3g |

3

加入已過篩的粉
類，稍微拌勻。

| 材料B |
| 全部 |

tips

麵粉略為拌均即加入其它材料，如完全混勻
才加入，麩質會增加，導致成品過硬。

4

葡萄乾瀝去蘭
姆酒，葡萄乾
分成兩份，各
為55g及25g。

tips

瀝掉的蘭姆酒可作其他甜點用途，如反烤蘋
果塔或奶酥粒。

5

加入燕麥、
55g的葡萄乾
拌勻。

| 葡萄乾 | 燕麥 |
| 55g | 200g |

6

將麵糊挖起約
半大匙大小的
團狀，排放在
烤盤上。

tips

麵團遇熱會融化散開，所以每個麵團間預留
適當空間，避免餅乾黏在一起。

7

略為調整、壓
平餅乾形狀，
在麵團上放上
剩餘葡萄乾。

| 葡萄乾 |
| 25g |

8　以180℃烘烤12-14分鐘即可。

馬田帶你解構甜點：從入門到進階，一本學會職人級烘焙技法
／馬田作. -- 初版. -- 臺北市：臺灣東販, 2020.04
256面；18×24公分
ISBN 978-986-511-284-4（平裝）

1.點心食譜

427.16   109001101

馬田帶你解構甜點
從入門到進階，一本學會職人級烘焙技法

2020年 4 月15日初版第一刷發行
2023年 9 月01日二版第十一刷發行

作　　　　者	馬田	
文 字 協 力	廖嘉欣	
編　　　　輯	王玉瑤	
封 面 設 計	FELEN CHENG	
特 約 美 編	麥克斯	
攝　　　　影	馬田・廖嘉欣	
發 　行 　人	若森稔雄	
發 　行 　所	台灣東販股份有限公司	
	＜地址＞台北市南京東路4段130號2F-1	
	＜電話＞(02)2577-8878	
	＜傳真＞(02)2577-8896	
	＜網址＞http://www.tohan.com.tw	
郵 撥 帳 號	1405049-4	
法 律 顧 問	蕭雄淋律師	
總 　經 　銷	聯合發行股份有限公司	
	＜電話＞(02)2917-8022	